2009

出版工作研究

内容提要

本书收集了关于出版、编辑、发行、营销等方面的理论研究著作30余篇。可供专业人士及相关管理人员参阅。

图书在版编目（CIP）数据

出版工作研究（2009）/人民交通出版社编．—北京：人民交通出版社，2009.8

ISBN 978-7-114-08005-0

Ⅰ.出…　Ⅱ.人…　Ⅲ.出版工作－文集　Ⅳ.G23-53

中国版本图书馆CIP数据核字（2009）第181256号

书　　名：出版工作研究（2009）
著 作 者：人民交通出版社
责任编辑：张新文
出版发行：人民交通出版社
地　　址：（100011）北京市朝阳区安定门外外馆斜街3号
网　　址：http：//www.ccpress.com.cn
销售电话：（010）59757969，59757973
总 经 销：北京中交盛世书刊有限公司
经　　销：各地新华书店
印　　刷：北京交通印务实业公司
开　　本：787×960　1/16
印　　张：13.75
字　　数：223千
版　　次：2009年8月　第1版
印　　次：2009年8月　第1次印刷
书　　号：ISBN 978-7-114-08005-0
定　　价：28.00元

感言建社五十六周年(代序)

转眼之间,又到了社庆纪念日,人民交通出版社已经五十六周岁了。记得在五十五周年社庆大会上我曾说过:如同一个人一样,一个单位、尤其是企业也会有她的生命周期;同人不一样的是,企业搞得好可以经久不衰,保持生命之树常青。关键在于,能否不断地与时俱进,总能跟上时代的步伐而不落伍。这话似乎过于笼统,但沿着这样的思绪,用科学发展观的眼光审视我社走过的道路,展望未来的前景,我们对面临形势和肩负任务的认识就会愈加清晰起来。

在过去的半个多世纪,人民交通出版社经历了初创起步、成长壮大、曲折起伏、复苏重振、改革繁荣和蓬勃发展等历史阶段。几代出版社人薪火相传、艰苦奋斗,形成了现在的局面。这中间,有炉灶初起的摸索和因陋就简创业的艰辛,有在曲折变化中的坚持,有拨乱反正的勇气和复兴的追求。特别是改革开放以来,经过"摸着石头过河"的开拓和顽强拼搏,使我社的出版规模、服务水平和经济效益实现了跨越式发展。总之,在以往不同的环境条件下,几代出版社人深一脚浅一脚地奋力前行,干了当时他们能干的事情,完成了他们的使命。毋庸讳言,这个过程不是一帆风顺、完美无缺的,其中有成功也有失败,有经验也有教训。前人给后人既留下了宝贵的物质基业和精神财富,也留下了若干缺憾和"病灶",这就是历史积累和代际传承的现实。我们的责任,就是在这样的基础上,再加一把劲,通过科学、民主、规范、精细的工作,使出版社更上一层楼。

当前,我社面临的问题很多,来自外部和内部的压力都很大,说形势严峻、任务艰巨毫不过分。从外部来看,金融海啸对企业经营会有普遍影响,图书市场竞争激烈有加且诚信度下降,成本费用却大幅上升。从内部来看,员工队伍结构性矛盾突出,思想观念转变不到位;产品结构、研发能力、营销工作都不能适应需要;基础设施薄弱,存储能力不足已成为"瓶颈";稳定方面还有较大隐患;特别是在近一二年内还要过好"转制"这一关,而我们尚未做好这方面的充分准备。凡此种种,说明我社的综合竞争能力并不强,持续增长困难很大。当然,挑战和机遇并存,有利条件也不少,“危”中还有“机”。强调看清存在的问题,并不是要妄自菲薄、丧失信心,也不是要脱离实际、急于求成,而是要使大家保持清醒的头脑,立足这样的实际,坚持把它作为推进改革、谋划发展的基本依据,更好地把科学发展观落实在各项工作中,真正走出一条科学发展之路。而这,正是目前开展的“深入学习实践科学发展观活动”的实践载体和目的所在。

破解持续发展难题的重任,历史地落在了当代出版社人的身上,看我们能不能勇于担当和善于担当。现实基础是客观的,外部竞争是无情的,而破解难题、开拓创新则是我们发挥主观能动性去改造客观世界的壮举。为此,需要做的事情方方面面,但首先要有一种精神,那就是在传承的基础上勇于创新与变革的精神。只有通过创新与变革,才能应对形势和挑战,获得新的发展动力和空间。单位与员工要有欢迎、接受新事物的胸怀,要有不断学习、不断进取的锐气,要有在改造客观世界的同时改造自我、超越自我的自觉。这样,才能达到一种新的境界,员工个人得以发挥更大的潜能,单位能得到更好更快的发展。愿我们大家以此共勉,同心同德,为实现共同愿景努力奋斗。

2008 年 12 月 8 日

目录

学习贯彻十七大精神，把交通出版工作自觉融入“三个服务”大局

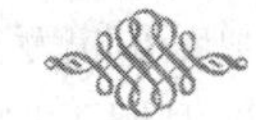

人民交通出版社党委

党的十七大站在新的历史起点，为我们党和国家今后一个时期的发展建设指明了大的走向，并且对各方面工作做出了部署。十七大报告中，对交通事业、文化事业（包括出版工作）都提出了新的更高的要求，这对我们交通出版工作具有重大的指导意义。我们一定认真学习、深入领会、贯彻落实。

我们交通出版社身跨两个行业，既属于出版行业又属于交通行业，既是出版人又是交通人。但我们首先是交通人，是交通行业支持系统的一个组成部分。我们这个单位的存在价值和主要任务，就是为交通行业提供出版服务。换句话也可以说，交通出版工作就是在交通事业和文化事业之间搭建的一座桥梁。在交通事业大发展、文化事业大繁荣的形势下，交通出版工作是可以有所作为的。

一、服务交通是我社宗旨

人民交通出版社成立于1952年。55年来，经历了初创起步、成长发展、曲折起伏、复苏重振、改革繁荣、蓬勃发展等历史阶段。在这55年的发展历程中，我们始终是沿着服务交通这条主线前进的。

建国初期，百废待兴，交通建设亟需各种图书资料。为学习前苏联在交通运输领域先进的理论、技术和经验，宣传贯彻交通部制定的各项规章、制度，在1952年的一次部务会议上，王首道部长决定，以部办公厅编译室为基础组建人民交通出版社。在一段时间内实行一个单位两块牌子，对内为交通部编译室，对外为人民交通出版社。

1952年12月8日，一本根据相关资料编辑而成、图文并茂的《内河船舶一列式拖带法》问世，这是人民交通出版社出版的第一本图书，这一天也被确定为社庆日。

两年后，为有利于做好出版工作，交通部决定撤销编译室，人民交通出版社实行企业经营。当时明确的出版方向是：以介绍苏联在交通运输方面的先进理论、技术和经验为主（占出书总量的80%），并大力推广国内交通运输部门广大职工的创造发明和先进经验；同时为满足广大交通职工的需要，出版通俗普及类读物、苏联专家报告和问题解答类图书。

55年来，我社本着服务宗旨，根据不同阶段交通工作需要，组织策划相应选题，编辑出版各类图书达2万多种，共2.6亿册。通过出版图书这种方式，通过图书这种载体，实现着出版工作传承文明、传播新知的社会责任和历史使命。"伴千万交通人成长，使数亿出行者愉悦"，就是我们的工作理念和目标。

——几经修订、多次再版的精品教材，成为我社传统的品牌，为培养交通行业人才做出了积极的贡献。《汽车构造》自1976年第一版出版，至今已30多年，现已修订为第五版；《远洋运输业务》自1985年第一次出版，现已第四次再版。还不断有适应时代要求的新教材涌现出来，形成了结构完整、层次分明、内容适用、装帧新颖的覆盖全部交通专业的大中专教材体系。

——《汽车工程手册》、《公路施工手册》、《轮机工程手册》、《水运技术词典》、《公路技术词典》等大型工具书，每本都有数百位专家、学者参与编写，历时数年，可谓汇集体之智慧，集百家之成果，为交通事业的发展提供了良好服务。

——经久不衰、不断更新的《全国公路营运里程图》等系列交通图，为广大出行者提供了极大方便。20世纪70年代和80年代出版的里程示意图是靠人工手绘、贴字制作的黑白版线条图。现在出版的交通图，是依托数据库由电脑绘制的彩色图，数据精确，图质精美，使用方便。

——2005年出版，现已发行500多万册的《安全驾驶从这里开始》系列丛书，用图文并茂的形式，为汽车驾驶人员教授安全驾驶常识和技巧，深受读者欢迎，使社会和群众受益。

——近年来涌现出一大批获奖图书，《现代桥梁抗风理论与实践》获得首届"中华优秀出版物（图书奖）"；《特大跨径石拱桥研究与实践》、《新型空间结构分析》、《设计与施工》、《多碎石沥青混凝土SAC系列的

设计与施工》等入选新闻出版总署“三个一百”原创图书工程。

与此同时，人民交通出版社也在为交通服务的过程中成长起来。我社初创时，以借部长基金 1 万元作为图书出版周转金，只有 3 个人架构了出版社的雏形。经过半个多世纪的奋斗拼搏，现拥有一支 200 多人的专业出版队伍；同时拥有一支包括院士和知名学者、专家、教授在内的高素质作者队伍，保证了出版物的高水准和前沿性。现每年出书品种超过 1300 种，平均每天就有 3 本以上图书面市，预计 2007 年图书出版码洋（图书总产值）可达 3 个亿。人民交通出版社在中央级科技出版社中占有显著地位，连续几届被中宣部和新闻出版总署授予“全国良好出版社”称号，被新闻出版总署评为“讲信誉、重服务”出版社。

二、围绕“三个服务”，做到“三个贴近”

李盛霖部长在 2007 年全国交通工作会议上提出，努力做好“三个服务”，推进交通事业又好又快发展。这是新一届部党组在新形势下对交通工作提出的更高要求。“三个服务”是新时期交通工作的大局，自觉地服从和服务于“三个服务”，就是我社工作的大局。为此，我们明确交通出版工作的基本思路和目标是努力做到“三个贴近”：贴近部工作需要，贴近行业需要，贴近读者需要。

贴近部工作需要，就是以贯彻部党组指示精神为纲领，以部的重点工作为核心，更好地发挥我社对部的出版服务功能；贴近行业需要，就是以促进交通科技进步、支持行业可持续发展为己任，努力搭建科技知识转化为生产力的桥梁；贴近读者需要，就是以满足广大读者需要为导向，向社会积极提供有益的精神食粮。这就是我们在出版工作中学习、贯彻、实践“三个服务”的主要内容。

——服务人民群众安全便捷出行是交通工作的重要使命，但近些年愈演愈烈的超限超载运输，扰乱了运输市场秩序，威胁到从业人员和人民群众的生命财产安全。交通部因此牵头组织开展了大规模的“治超”工作，我社积极配合此项工作，及时编辑出版了《国家治理车辆超限超载——我做监督员》一书，印刷 30 万册，按部里要求全部向社会免费发放。还按部里要求组织编写并出版了《驾驶员安全行车手册》，由部向全国赠送 3 万册，为更多的交通参与者了解安全驾驶知识、共同培育和谐友善的交通环境起到了积极作用。

——农村公路建设是社会主义新农村建设的重要内容，部党组把加强农村公路建设作为交通工作的重中之重。但基层施工管理和工程技术力量不足，迫切需要技术指导和培训。为此，我社组织出版了《农村公路施工技术》一书，为广大基层公路施工管理和工程技术人员提供了一本全面、实用的工具书和培训教材。

——强化科技成果推广应用，推动交通科技创新，是提高行业创新能力、加快创新型行业建设的重要工作。为支持行业创新，配合部有关司局，我社先后创建了开放性的“交通科技丛书”、“交通类学科（专业）学术著作丛书”、“交通行业企业技术创新丛书”、“大型交通建设工程技术丛书”等图书平台。其中《交通科技丛书》，主要是以国家、交通部重大交通科技攻关科研项目为背景；“交通类学科（专业）学术著作丛书”，主要是以各类基金资助的前沿性科研项目、高校教师承担的各类科研项目为基础。总之，努力使我社的选题策划紧跟交通科技的前沿技术。

——交通建设工程环境复杂，点多线长面广，影响因素多，施工安全风险较大。为强化安全生产意识，我社专门组织出版了《守护平安——交通建设工程安全生产要点集》。围绕“以人为本、关注生命”的安全理念，突出了工程建设中的安全技术要点，配以活泼幽默的卡通画，简明实用，由李盛霖部长亲自作序，出版后深受建设单位和施工一线人员的欢迎。

——公益性图书、原创性科技图书，往往社会效益突出，经济效益一般甚至亏损。为有效调动各图书出版中心和编辑的积极性，确保此类图书能顺利出版，我社专门设立了研发基金予以资助。并且修订了图书评奖办法，鼓励创新、侧重原创，引导编辑将着眼点放在知识创造型图书、对工程技术关键问题有突破性的原创性图书。另外，为保障各类图书能切合行业发展需要，我社还与中国工程院合作，成立了包括工程院副院长、建设部副部长以及院士、专家组成的交通、土木与建筑工程出版专家委员会，负责策划、评审高端技术专著类选题。

三、在十七大精神指引下，把交通出版服务提高到新水平

党的十七大对全面建设小康社会，包括对交通事业、文化事业都提出了新的要求，是我们的行动指南。我们决心在十七大精神指引下，在部党组的正确领导下，进一步解放思想、开拓创新，跟上时代步伐，进一步拓宽

出版服务的范围,提高出版服务的水平,使交通出版工作有一个较大的发展。

——将出版物由公路水路交通逐步向大交通拓展,更大范围地覆盖交通运输(含物流)行业各类教材和专业技术图书。出版要包括更多的内容,如智能交通系统、综合运输组织管理、交通安全保障、生态环境保护等,为构建便捷、通畅、高效、安全的综合交通运输体系提供支持和服务。

——在建筑领域,由我社的传统强项路桥、港航工程逐步拓展到大土木工程,涉足大土木工程的部分教材、科技图书细分市场。一是要涵盖与交通基础设施建设相关的所有土木工程领域,包括城市化进程加快后所需要的建设;二是更加注重工程的资源节约和环境友好,以及对基础设施的维护和保障;三是为交通行业的建筑施工队伍拓宽业务面提供服务。

——以交通地图为基础,逐步拓展到旅游、地理领域,围绕地理空间信息和出行资讯出版实用图书。随着我国经济发展和人民生活水平的提高,机动车进入家庭,自驾车出行、自助旅游等日益普及,商务出行也明显增加,我们要及时出版各种图册,为更广大的出行者服务。

——加强电子音像出版。音像制品有直观、生动、易懂的特点,尤其应用在教学上更是一个得力助手;图书配光盘也有利读者更方便、更形象地理解掌握所需内容,是图书的有益补充。我们将有针对性地开展书配盘以及教材立体开发,并结合专业开发市场需求的交通工程、管理软件和衍生音像电子产品,为读者提供更加周到的增值服务。

——搞好网络出版即数字出版。随着计算机应用的广泛普及和网络技术迅猛发展,今后以数字化为手段、多媒体互动的出版是个趋势。与传统出版相比,它具有效率高,节能环保,出版周期短,阅读、查阅、检索方便等优点。利用既有图书资源开展电子图书业务,对数字交通资料库作补充,让所有需要交通科技图书资料的读者能享受更快捷、更方便的服务,是我社一条新的发展途径。

——争取开展交通领域期刊业务。期刊具有灵活、长效、信息更新更快的优势,高端内容的期刊可以起到引领行业进步的作用。我们将积极争取开展此项业务。

——依托图书出版开展培训业务,培训与出版相辅相成。我社全面承担着交通行业标准规范以及公路、水运、汽车等领域政策、技术类图书的出版工作,同时具有优越的专家、作者资源,这些都是开展各种培训活动的必备条件。依托图书组织培训,丰富服务形式,也是我社的一个选择。

在做好出版服务的同时，我们要抓住机遇发展自己，力争在五六年的时间内，主要经营指标再翻一番，把我社建设成为国内一流、国际知名、跨媒介的综合性交通出版集团。

国内一流，是指成为国内出版社第一方阵中的一员，闯入全国科技出版社 15 强；国际知名，是指与国外同行建立起长期稳定的合作与交流机制；跨媒介，是指出版社的业务要涉及图书、期刊、光盘、互联网等媒介；综合性交通出版集团，是指我们要成为以交通行业为主要服务对象，多媒介书刊出版为主业，产品的交通特色鲜明，有相当经营规模，产权多元化的企业集团。

这是我社全体员工的共同愿景和奋斗目标，大家将在全面建设小康社会的道路上，为实现这样的愿景和目标倾注心血和劳动。到那时，交通出版社为行业、为社会提供服务的能力和水平都将跨上一个新的台阶。

谈谈领导干部的务实与务虚

谭　鸿

领导工作是一门艺术。做好领导工作要讲艺术、讲方法，处理好各种关系，如全局和局部的关系、战略与战术的关系、重点与一般的关系、对上负责与对下负责的关系、选人与用人的关系、民主与集中的关系，等等。其中，妥善处理好务实与务虚的关系至关重要。

一、务实是对领导干部的起码要求

各级领导干部都是手中掌握着一定权力的特殊群体。那么，领导干部手中的权力是从哪里来的呢？我国宪法庄严宣告："中华人民共和国的一切权力属于人民。"这是区别民主社会与非民主社会的根本标志。换句话说，只有认同权力属于人民的国家才是民主的国家。既然国家的一切权力属于人民，那么为什么领导干部手中又掌握着一定的权力呢？这是因为人民不可能每人都亲自去管理公共事务，所以把手中的一部分权力授予领导干部，由领导干部代替人民来管理国家的公共事务。同样的道理，一个单位，不管大小，也不可能人人都来直接管理单位的所有事务，也需要把每个职工原享有的权力让渡一部分出来交于一个集体管理，这样就产生了一个单位的领导班子，也就产生了班子成员，即领导干部。

所以，求真务实，埋头苦干，是对领导干部最起码的要求，是应尽的义务，也是共产党人应有的政治品格。马克思主义是我们党的指导思想，而马克思主义的基础和核心是辩证唯物主义和历史唯物主义，它的基本要求是主观与客观相统一。坚持务实求真，使主观与客观相符合，对于推动一个国家、一个地区、一个行业、一个系统，乃至一个单位的工作，是一个具有基础性、根本性的问题。我们的事业是伟大的，伟大的事业，需要无数个实干家。事有千件，贵在实干。耽于幻想不行，投机取巧也不行。一句话，靠扎扎实实的工作才行。小平同志说，不干，连半点马克思主义都没有。古人云："大人不华，君子务实。"清代学者陈廷敬说，"与其言而不行，宁行而不言"；"欲知其人，观其行而已"。讲的就是要戒绝空谈，身体力行，利用自己的知识，为社会多做一些实事。当然，领导干部的务实，不是没有目标、不讲方法的蛮干，也包括善干、会干的智慧、艺术和方法。要注重如下几个重要方面。

1. 对待工作要有激情，要始终保持良好的精神状态

马克思说："激情、热情是人强烈追求自己对象的本质力量。"(《马克思恩格斯全集》42 卷 169 页人民出版社 1979 年版)激情是吹动船帆的风，没有风船就不能行驶；激情是工作的动力，没有动力工作就难有起色；激情是创新的源泉，没有激情就没有创新的灵感和冲动。没有激情，人不过是一块未经撞击的燧石，只有潜在和可能的能量。美国著名作家爱默生说："有史以来，没有任何一项伟大的事业不是因为热忱而成功的。"生活告诉我们，灵感可以催生不朽的艺术，激情能够创造不凡的业绩；缺乏激情，疲沓涣散，很可能一事无成。因此，领导干部对待工作必须始终保持高昂的激情，用崇高的精神支撑伟大的事业。有了高昂的激情，则在繁重的工作面前，在各种困难和矛盾面前，不气馁，不退缩，不言败，能够以一种韧劲、冲劲、干劲，顽强拼搏，攻坚克难。小平同志曾深情地讲过："没有一点闯的精神，没有一点'冒'的精神，没有一股气呀、劲呀，就走不出一条好路，走不出一条新路，就干不出新的事业。"

对待工作的激情不是心血来潮、兴之所至，而是一种觉悟、追求和境界。激情来自崇高的理想。没有理想，如同手表缺了发条，就没有动力，人就会软弱涣散。激情来自于强烈的责任心。责任是一名党员领导干部立身和做事的基本条件，是对党和人民事业的忠诚和热情。一个具有高度责任感的人，会把工作看成追求和奉献，满怀热情地投入工作；一个丧失责任感和责任感不强的人，会把工作当作一种负担，自然就会丧失工作的乐趣。有勇于担当的责任感就自然会有激情。社会生活中，每个人都有自己一份不可推卸的责任。尤其是我们各级领导干部，重任在肩，身系一个单位的发展，必须坚守责任，忠诚使命，始终保持昂扬的精神状态和

饱满的工作热情。党员领导干部更应该牢记自己的身份,“进了党的门,就是党的人”,忠诚履行自己的职责。

2. 力戒浮躁,切忌漂浮,杜绝浮华

人生在世,就要做事。一般来讲,作为一名领导干部,总想在自己分管的工作范围内做出一点成绩,得到组织和群众的认可。但也确有一些领导干部对发展事业的期望值过高,总想一炮打响,一鸣惊人,一举成功。一种是急于求成,不是扎扎实实、下苦功夫,一步一个脚印地前进,而是头脑发热,脱离实际,想一口吃成个胖子。一种是急功近利,只想获取,不愿付出;只看眼前,不顾长远;为达目的,不择手段。《论语》中说,“无欲速,无见小利。欲速则不达,见小利则大事不成”。这是至理名言。经验证明,急于求成往往达不到预期目的。这是因为,工作成绩和事业的成功,需要一个长期积累和奋斗的过程。高楼大厦是一砖一瓦盖起来的,参天大树是一天一天长起来的,这是客观规律。看到有的人出了名,有的人干出了成绩,有的人职务提升得比自己快,有的人荣誉多,难免会有羡慕。但羡慕别人取得成就、收获成功的同时,还应当意识到人家在成功的背后付出的辛劳和汗水。如果没有付出,就想得到回报;或者刚刚有一点付出,就急于得到人的回报,这种患得患失的思想本身就不属领导干部的素质。

孔子倡导“事思敬”,即做事要敬业,要严肃,要认真。荀子呼吁做事要“心不使焉”,以至做到“黑白在前面而目不见,擂鼓在侧而耳不闻”。庄子提倡做事要“不徐不疾,得之于手而应于心”。朱熹则要求“万事须是有精神方做得”,等等。结合古贤的看法,也有一得,就是做事要似水。做事似水,就是说做事要像水那样,平平常常,自自然然。要简简单单,化繁为简,缓事急干,急事缓办,动必量力,举必量技,切不可把简单的事情复杂化,把复杂的事情离奇化。要像吃饭、睡觉那样,把做事作为生活的必需,看作一件快乐的事、舒心的事、有趣的事,乐意为之,尽心为之。作为领导干部,还要有“但求事功”,“不事张扬”的境界。不事张扬,就是在谦虚中的坚定有为,清醒中的苦心经营,务实中的孜孜不倦。“真雁无声,真水无香”。做到“不事张扬”,把自己的位置放低一些,以谦虚谨慎、戒骄戒躁的态度做人行事,这是成就大业的基点,是走向成功的长梯。也许有人担心,久而久之,“不事张扬”的领导干部会被人遗忘,终究会吃亏。其实不然,他们或许一时难以广为人知,也一时没有纳入组织部门的视野之列,但当他们以踏踏实实的工作创造了业绩,以默默无闻的品格做出了贡献,名声自在众人心中。

3. 抓工作要讲究程序

常言道:万物有理,四时有序。这里的"序",就是顺序、次序、程序的意思。自然界是这样,人类社会也是这样。序,就是事物发生发展、运动变化的过程和步骤,是客观规律的体现。反映到实际工作中,它要求我们办事情必须讲程序。谢觉哉说:"违之则受损,遵之则有成。"讲的就是这个道理。

对于程序及其重要性,长期以来存在着某些片面的认识。有的领导干部认为程序属于形式,没有内容那么重要;有的同志觉得程序是细枝末节,可有可无;有人甚至把程序当成繁文缛节,不但不重视,而且很反感。由此而来,现实生活中不讲程序、违反程序的现象屡见不鲜,结果既影响办事的质量和效率,又容易助长不正之风,给工作和事业带来损失。

为什么抓工作要讲程序呢?我们不妨从程序的客观性来做一些分析。事物存在的基本形式是空间和时间,事物的发展和变化都是在一定的空间和时间上展开的。事物的发展变化,从空间方面看,可以分解为若干个组成部分;从时间方面看,各个部分都要占用一定的时间并且具有一定的次序。比如"修路"这一行为,就可以分解为勘察、设计、施工、验收、通车等部分,这些部分均需占用一定的时间,并且有相应的先后次序。如果不在一定的时间勘察,或者把勘察和设计的次序颠倒,那么修路行为就无法达到预期目的。所以,顺时而动,是修路必须遵守的程序。有人或许存在这样的疑虑:讲程序会不会影响效率?其实,讲程序与讲效率是一致的。俗话说,没有规矩不成方圆。不讲程序,缺乏制度、机制、法规、纪律的规范和约束,无章可循,各行其是,不但许多事情办不下去,而且整个社会也会陷入混乱之中,根本谈不上效率。

二、务虚是提高领导水平的有效途径

陈云同志在谈到领导方法时说过这样一句话:"要拿出一定的时间'踱方步',考虑战略性问题。"这里说的踱方步,是一种形象的比喻,意思是领导干部在紧张的工作之余,要善于摆脱实际工作,跳出具体事务,拿

出一点时间务务虚，开动脑筋，善于思考，更多地考虑和谋划一些关系全局的大事。牛顿从苹果落地发现万有引力，他说："我的成功归功于精心的思索。"因此，务虚是提高领导干部领导水平和工作能力的有效途径。领导干部应主要从三个方面务虚。

1. 要善于总结反省自己

从有关科学实验可以观察到，回忆往事时，比较活跃的脑区与畅想未来时比较活跃的脑区几乎是重叠的。换句话说，回忆有问题的人，想象未来的能力也弱。神经科学家和心理学家们在实验中给受试者亮出"疲乏"、"床"、"梦"、"打盹"、"枕头"之类的词，过后让他们回忆，刚才看到了哪些词汇。健康的受试者会犯一个较普遍的错误：他们觉得刚才看见了"睡眠"这个词，因为其他所有词汇都使他们联想到睡眠。可是，患健忘症和帕金森氏症的病人做这一测验的成绩却反而较好，他们不会无中生有地说，刚才见到了"睡眠"这个词。可见，误忆并不是记忆力缺失，而是正常的、健康的人群进行回忆时的一个副产品。以上实验表明，只有"前事不忘"的人，才有能力去"构造"记忆，"投射"或想象未来。对于他们，记住的"前事"才可能成为后事之师。再回到现实生活中，怎样才能使大家，尤其是领导干部做到前事不忘呢？首先要尊重历史，不能无视历史事实，篡改历史。否则，史实都搞不准，还谈什么总结历史经验教训呢？其次，领导干部不能总是忙于日常事务，要留出一些时间来读书学习，回顾总结历史，展望与筹划未来。

歌德曾说："知之尚需用之，思之尤应为之。"领导干部总结自己，要善于反省。自己说过的话、做过的事，都是自己直接经历和体验的，对自己的一言一行进行反省，反省不理智之思、不和谐之音、不练达之举、不完美之事，往往能够得到真切、深入而细致的收获。反省不但要勇于面对自己、正视自己，而且要及时进行、反复进行。疏忽了、懈怠了，就有可能放过一些本该及时反省的事情，进而导致自己犯错。反省也是对别人的经验教训的思考和总结。个人的经验教训虽然来得更直接更真切，但其广度和深度毕竟是有限的。要获得更加广博而深刻的经验，还要在反省自身的基础上，善于从别人的经验教训中学习。成本最低的财富是把别人的教训当作自己的教训。经验证明，进步较快的领导干部，必定是善于总结、善于反省的人。

2. 要学会调适自己

人都是有思维能力的,但要使这种思维能力表现得深刻准确,具有“飘然思不群”的境界,身处喧嚣扰嚷的氛围中是不行的。经验表明,惟安才能深思。而安,首先需要心静。唐朝诗人白居易曾说“自静其心延寿命,无求于物长精神”。静则安。安才有可能视通万里,思接千载,把所干之事、所言之语用“联系”与“发展”之线串起来,形成较为深刻辩证的认识。人不可能一直处于高度紧张的运动状态,尤其是领导干部,要学会休息,以身行之。工作不能穷尽生活的所有内容。人生就像驾车,总有遇到红灯的时候。节假日如无火烧眉毛之事,就用不着挑灯夜战,加班加点。这种调身之休息,就是要使心静下来,走进原野,拥有一下自然,欣赏一下美景,使紧张的神经松弛下来,使沸腾的血液平静下来,从而出入绵绵,凝神思远。也就是说,一个人在他的心境宁静如水的时候,他的心力、智慧、灵感,才会处于爆发的前夕,创造的潜能就能够得到最好的发挥。

当然,我们所谓的保持宁静,并不是要领导干部避开人世间的各种矛盾和困难,“跳出三界外,不在五行中”,消极避世,无所作为;而是要面对花花绿绿的世界,心安气定,心无旁骛,耿介拔俗,甘于淡泊,耐得寂寞,冷静思考,更积极有效地工作与学习,提高工作效率与工作质量。

3. 要学会观形与察势

领导是导向性的管理,体现在为实现目标而进行的预见、向导、引导、指导和疏导工作的全过程。因此,凡领导干部,无论职务高低,无论是正职还是副职,都离不开对形势的判断。毕竟,形势决定着政策,形势影响着成败。

判断形势,方法有种种。重要的在于,要观“形”,更要察“势”。这是因为,“形”总是有形有像又有体;而“势”则像风一样,来无踪、去无影,听未声、见未形,给人一种“神秘”之感。但正因为如此,古往今来的思想家都十分重视它。认为“相形不如论心”,认为聪者应该听于无声,明者应该见于未形。一句话,要观形,更要察势。

观形先于察势,这实质上是把物质放在第一位。形者,形象、形体也,它是活生生的客观存在物。而势存在于形之中,无踪无影,只能靠主观去觉悟。无形就无势。势发必依形。

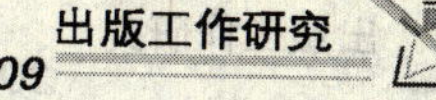

观形察势，都离不开观。观，就是看。看什么？看已经发生、既成事实的形。看，就是以平常心、平和态使形尽收眼底。观形察势，更要察。察，就是细看、详审、堆理。毕竟，势往往变化无常。因此，对势，必须要用比对形更大的功夫、更多的精力、更细的作风，去关注它、研究它、驾驭它。孟子言："虽有智慧，不如乘势。"为什么？势，就是走势、趋势。而走势、趋势，总是含有一定的规律在其中。察势，就是要发现规律，研究规律，运用规律。

关于稳定工作的几点思考

王建中

社会稳定是构建和谐社会的基础。随着市场经济建设的不断深化，社会改革步伐的加快，单位改革的继续，就不可避免地带来新的稳定问题和新的挑战。党的十七大报告中提出："高举中国特色社会主义伟大旗帜，以邓小平理论和三个代表重要思想为指导，深入贯彻落实科学发展观，继续解放思想，坚持改革开放，推动科学发展，促进社会和谐，为夺取全面建设小康社会新胜利而奋斗"。构建和谐社会，需要社会的稳定，需要单位的稳定。在我社经济较快增长，各项改革进一步深入的同时，影响我社稳定的遗留问题仍然存在，新矛盾和新问题又不断出现，稳定形势不容乐观。这就需要我们深谙稳定政策，加深对稳定工作的理解和认识，提高对稳定工作重视程度，以创新的思路，有效的措施，千方百计抓好稳定工作，推进单位和谐建设。下面就结合我社稳定工作实际，谈几点粗浅看法。

一、新时期新形势下稳定工作所呈现的特点

我社近年来经济较快增长，效益提高幅度较大，职工收入和生活都得到较大的改善。但是，由于思想解放程度不同，分配制度不完善，各部门发展不平衡等因素的存在，尤其是下属单位的特殊情况，使各种矛盾问题逐渐凸显出来，新、旧矛盾交织在一起，解决难度增大。在当前新时期新形势下的稳定工作呈现出了以下几个方面的特点：

1. 观念性

在当前深化改革，健全制度，优化结构，增强综合竞争力，努力实现

“十一五”规划目标的重要时期,思想观念的转变就显得至关重要。在我社这样一个具有56年历史的国有单位里,思想观念呈现多元化的特点,富有时代性的价值观和陈旧落后的价值观交织,新与旧的思想观念冲突不可避免,陈旧落后的思想观念就成为影响制约改革发展的一个障碍。一是计划经济体制下形成的一些思想观念仍有很大惯性。有的职工不能正确理解和对待改革引起的变化,改革举措触及个人利益时,不能客观认识自己的能力和价值,把个人得失完全归责于单位。二是少数员工拒绝市场竞争观念,留恋大锅饭、铁饭碗,不承认差异,在收入分配上要求平均。三是个别职工还受“文革”遗风影响,心态失衡,企图通过散发传单等形式达到个人目的。四是少数职工思想观念转变较慢,并受传统文化的影响,思维方式中仍然存在着“告御状”的偏激观念;有问题不是按照《信访条例》,采取正常的途径诉求,寻求解决问题的办法,而是采取“找上级”的形式,认为只有上访才能解决问题。这些观念是产生不稳定的思想基础。

2. 利益性

利益是产生矛盾的根源。在处理各方面利益关系中,由于历史、政策等原因,存在着不同程度的利益保障不到位的情况,在由计划经济向市场经济转变的过程中,产生了一些内部矛盾和问题。例如:在效益优先,兼顾公平的分配原则下,一些能力较差而收入较低的职工;机构改革中,一些文化水平较低、技能单一而在竞聘双选时没有适合的岗位而被安排做简单劳动的,以及内退、待岗的职工,他们与能力强的职工收入上差距较大;还有单位性质不一样(事业与企业)而造成收入待遇或退休金上的差距等。这样,一些人的利益与他人对比存在差别的时候,他们的心理就开始失衡,就与别人进行攀比。他们不比能力、不比贡献,比的是分配到的利益。这种对利益分配的不正确认识,形成了稳定隐患。这些隐患除了有职工的思想观念问题外,还有的是因为保障制度不健全、不完善,也有的是历史原因造成的。总之,利益得失是本质问题,也是稳定问题的根源。

3. 群体性

在改革进程中,一部分人的自身利益受到影响,致使他们心存怨气。这样的人不在少数,这种怨气在一定程度上的聚集、扩散和传播,在这部分人群中容易产生共鸣和群体行为。进入新时期，随着信息交换的便利与快捷，人们交流沟通频繁，相互影响，渐渐形成了为同一利益而结合的群体。我社下属单位就形成了这样一个为提高待遇而结合的群体，进而在某种特殊时期或受某种情况刺激时，发生群体上访事件。

4. 组织性

在群体上访事件中，很多情况下，都是有组织者在幕后进行计划和指挥，这些人往往隐藏较深，判断较难。有的离退休职工、内退职工和家属不明就里，在这些带头人的组织、策划、挑唆下，参与了串联、上访等活动。本来一些正常的、合理的上访活动在这些组织者的蛊惑下，变成了向党和政府施压的群体问题，这种形式的非正常上访，带有组织性、严密性，给维稳工作带来难度。

5. 涉法性

这是新时期新形势下出现的新特点。在国家新的《劳动合同法》出台后，我社发生了几起劳动纠纷。2008 年，一些人因岗位调整协商不一致、违反劳动纪律、拒签劳动合同等被解除劳动关系，出现了劳动关系紧张问题，涉及专业技术人员、一般工人和农民工。解决的途径有申请劳动仲裁的、有上法院打官司的、也有找领导闹的。但比较突出的是通过法律程序解决，这是最有效的办法。这就是维稳工作中新的特点。新形势下，单位和职工双方维权意识都在增强，在解决劳动纠纷时，不谋而合地走上法庭。当然，在处理纠纷中，也反映出大家对《劳动合同法》的认识和理解还存在一定差距。例如，有些农民工，片面理解《劳动合同法》是保护劳动者利益的，不能正确看待自己的劳动力价值，对提高收入的期望值大大高于市场价格，使用人单位难以接受，造成劳动合同无法续签；作为单位，对于新政策、新法规的认识、执行和宣传、教育也有不够周全的地方。但作为解决矛盾纠纷的办法，我们找到了一条新的途径。

二、新时期新形势下做好稳定工作需采取的措施

和谐稳定是全体员工的共同心愿，是改革发展的重要前提，是出版社能否持续发展的保障。因此我们肩负的使命就要求不仅要重视经济发展，也要高度关注政治大局，要从构建和谐单位的高度出发，进一步转变

作风，深入到职工群众中去，调查了解各类矛盾纠纷产生、发展的原因，做好排查调处工作，运用经济、行政和法律的手段，妥善处理涉及职工群众切身利益的矛盾，防止群体性事件的发生，维护稳定的政治环境，加快和谐单位建设。

1. 稳字当头，促进稳定工作有序开展

稳定工作的首要要务是求“稳”，稳字当头，要把维护稳定摆在我们的重要议事日程上，把落实稳定工作责任放在突出位置。强化责任意识，不断提高各级干部发现和处置突发事件和群体事件的能力，确实做好维稳工作。一是要加强转变观念的思想教育、公民道德素质教育和形势教育，提高广大干部职工群众维护稳定的意识，自觉维护稳定大局，促进企业健康和谐发展；二是加强政策的宣传教育，凡有涉及职工利益内容的有关文件能公开的尽量扩大公开面，并做必要的解释说明和宣传教育，争取工作的主动性；三是在严格按照国家有关政策办理事项的同时，对于职工群众的实际困难，在具备条件的情况下，尽可能的给予解决；四是对于无理取闹的少数人员也要做好艰苦细致的思想工作，摆事实、讲道理，耐心的说服；五是平日要密切关注这部分职工的动态，及时了解和掌握有关信息，提前做好各项工作，防止发生群体上访事件；六是要加大法制宣传的力度，使职工增强法律意识，养成依法办事的习惯，有问题通过正常途径寻求解决的办法，防止涉嫌违法的事情发生；七是发生群体上访事件后，严格执行我社《防范和处置群体事件预案》，执行维护稳定工作程序。

2. 开拓创新，及时转换稳定工作思路

当今的时代是快速发展的时代，各方面创新的力度在不断加大，随着新时期新形势下稳定工作不确定因素的增加，就更需要我们用创新的思路来做好稳定工作，开拓稳定工作新的局面，加大稳定工作创新的力度。要不断探索新时期新形势下维护稳定工作的方式方法和先进经验，例如：建立领导干部首问负责制，建立社与社属单位、社与部门之间的稳定工作体系，落实各项维稳措施，不断提高维护稳定工作水平。对一些重点、难点的问题，主要领导和负责部门要积极主动介入开展工作，分片包干，落实责任，设法解决，防止问题扩大。进一步动员广大干部职工，用亲情、友情做好身边不稳定因素的缓解、安抚工作，促进稳定工作齐抓共管格局的全面形成。

此外,新形势下要求我们更加严格依法办事。比如,《劳动合同法》的颁布实施,为解决劳动纠纷进一步提供了法律依据,对完善劳动合同制度,明确双方当事人的权利和义务,保护劳资双方的合法权益,构建和谐稳定的劳动关系起到积极的作用。对这些,除需进一步学习领会和正确认识外,还要对不适应的地方做出调整。一是劳动规章制度需修订完善。根据《劳动合同法》规定,单纯依靠行政或用人单位制定劳动管理规章制度已成为历史,必须对现有劳动制度按照“法定程序”进行修订(目前,我社已组成由人力资源部、工会、法律事务员等人员组成的劳动管理规章制度起草小组,按照《劳动合同法》要求,对有关制度进行修订,在征求全体职工意见后,提交职工代表大会讨论通过)。二是劳动合同期限需要合理规划。过去一些岗位实行的临时性用工,因《劳动合同法》的实行,短期用工制度将被打破。原来用人的灵活性不复存在,加大了用人难度,必须慎重考虑、合理规划劳动合同期限,做到单位、职工双赢。三是不规范签订和解除、终止劳动合同都要向职工支付经济补偿,有的还要加付赔偿金。加大了人力成本和人力资源管理风险,操作的规范性要求越来越高。所以必须认真学习掌握和严格执行《劳动合同法》,依照法律办事,积极应对,及时调整在人力资源管理乃至其他经营管理中不适应新政策的关系,避免产生不稳定因素。

3. 掌控灵活,促使稳定工作方法的准确有效实施

稳定工作具有多变性,不同时期稳定工作的重点也不尽相同,这就需要我们不断探索学习,要抓住当前影响稳定的热点、重点问题,有针对性地做好工作。在改革发展过程中,影响稳定的内部矛盾纠纷增多,新情况新问题不断涌现。特别是新劳动合同法出台后,人员岗位调整、保险保障、工资待遇等一些遗留问题,如果解决不好,可能对稳定工作大局造成冲击和影响,所以一定要把这些热点、重点问题紧紧抓住,积极主动灵活的采取措施,下大力气解决好。群体性事件是维护稳定工作面临的突出问题,今后一个时期,群体性事件可能还会发生,我们一定要做好充分的思想准备,进一步增强工作主动性,积极研究预警、疏导、处置等应对措施,努力把问题解决在基层、解决在内部、解决在萌芽状态,从源头上做好稳定工作。我们要把维护稳定工作作为一种成本考虑在内,把改革的力度、发展的速度和职工、离退休人员、农民工等人员可承受的程度统一起来,努力防止和减少矛盾。

通过几年的稳控工作实践,我们体会到:一是基层要密切关注各个群体的思想动态;二是各级领导要高度重视,认识到位,工作到位;三是思想政治工作要与解决具体问题相结合;四是必须取得上级领导和有关部门的关心与支持。下一步的稳定工作,应由侧重治标转向侧重治本,逐步扭转"兵来将挡,水来土掩"的被动局面。稳定工作的好坏关系着单位能否持续发展。党的十七大报告中要求我们在今后工作中,最大限度激发社会创造活力,最大限度增加和谐因素,最大限度减少不和谐因素。要妥善处理人民内部矛盾,完善信访制度,健全和维护群众权益机制。维护稳定还要靠全体干部职工的共同努力,我们要紧紧依靠职工群众,调动一切积极因素,为努力形成单位和谐人人有责,和谐单位人人共享的新局面而奋斗。

出版社科学发展之我见

张 斌

当前，全党正按照中央要求深入开展学习实践科学发展观活动，我社也在按照上级的部署有计划有步骤地进行当中。科学发展观作为推动社会发展的世界观、方法论，是新的历史条件下指导我们当前和今后一段时期内工作的准则，同样适用我社。因此，实事求是看待我社过去的发展成绩，主动对照科学发展的要求查摆存在的不足，并积极统筹考虑改进，对于推动我社又好又快发展具有重要的现实意义。

科学发展观的第一要义是发展，核心是以人为本。观之我社，得益于国家宏观经济形势持续向好、依托的交通行业快速发展、出版业还在享受保护等外因的积极影响，更加及全社员工主观上不懈努力、抢抓机遇，我社这些年经济总量持续增长。“十五”以来，我社达到了年均17%的成长幅度，各项效率指标大大高于业界平均水平，核心图书类别市场占有率均位居出版社前列，综合实力发展很快。在业界率先推行了竞争性的用人机制，只要是有知识、有能力、有热情的同志都可以参与竞聘，大家机会相等。另外，随着经济效益的增长，大家的收入和福利水平也都逐步提高，并且兼顾了效率与公平，每个员工都享受到了发展带来的实惠，体现了以人为本。因此，不管我们是自觉还是不自觉、清晰还是不清晰，我社前些年的进步客观上是符合科学发展的路子的，这一点应该肯定。但比照科学发展的基本要求，我社在具体生产经营管理活动当中仍有不全面不协调，不及时绸缪便会影响到我社未来的可持续发展之处，主要有以下三点：

一是专业化基础上的市场书比重偏低。市场部这两年调研的数据显示，发行部新成立的新华业务部也反映，我社适合新华书店销售的市场类图书缺乏，在新华书店渠道的影响力有所下降。出版中心想的是固守住

盈利水平较高的行业图书,编辑对市场书不重视,编辑对市场的敏锐度会减弱,做市场书的能力会下降,作者队伍不维护,老的会流失,新的补充不进来,作者资源会萎缩弱化,长此以往,出版社的宏观品牌知名度和美誉度会下降。而对手同期却在借机扩大影响,他们都是在厚积提升自己的品牌。目前中央部委社改制转正已成不可逆转之势,将来我们就要与竞争对手比市场手段,当然同样条件下我社或许还会有优势,但代价必极大,牺牲的是原可归我的利润率。眼下与部评价中心的合约、与有些部属行业协会的协议、与大连海事大学出版社的被动合作充分说明了这一点。到那时,我们反过来想做市场书,培育好的微观品牌,势如登山之难,因为编辑力量可能跟不上、可投入的资金缺乏,而最关键的是吸引不到好的作者。毕竟出版竞争的本质是对作者资源的争夺,而竞争达极致时品牌与知名度便成了决定因素,况且真正有影响力的作者更在意的是出版社的品牌而非稿酬条件。

二是质量、品牌意识还没有深入人心。社定的考核机制已经框定了各出版中心的行为取向,条件相当时大多数人更倾向于确定的收益。品牌、质量在出版中心层面上是顺手而为,附带为之,得之不荣,失之不耻。于是出现了加工不认真、复审流于形式;出现了原创图书匮乏、几年间连一本参加评奖的图书都找不出来;出现了涉密、违反出版管理条例的种种情况。

三是一些员工责任心不强,大局意识、全局意识缺失。有的是根本不负责,见事能推则推;有的是假负责,做事浮、浅、不深入,做表面文章;支支动动、不支不动,消极被动做事;不动脑子、不动手,热衷于当"二传手";就事论事,缺乏预见性、前瞻性。

以上问题,究其实质是我们的硬实力(经济)和软实力(品牌、质量、企业文化)发展不平衡,硬实力成绩凸显,软实力矛盾突出。分析其成因,从管理哲学角度考察,是没有做到两手都要抓、两手都要硬。我们现在抓得最多的是任务导向,凡事以经济效益为中心,关注生产、关心下属能否成功完成交代的任务远多于关注其自身的感受、境况,忽视了思想引导、人文关怀和综合评价。我社产品结构不均衡,编辑品牌、质量观念淡薄,员工心态异化,应是长期任务导向下带来的负面结果。从行为经济学角度考察,同自己的收获相较,员工对自己的付出多少更为看重和敏感,总认为我的收益是我的所劳应得,甚至认为对应于我的劳动付出还不够。此心态下如不及时予以正面的引导与思想教育,员工必"自我减负",分内之事完成质量下降,分外之事高高挂起,长此以往,其责任感和大局意识、全局观念便日趋淡漠。

对于上述诸多不足,如何来解决呢?科学发展观告诉我们,最根本的方法是着眼于以人为本,统筹兼顾。基于此体认,结合社内外条件,窃以为应从以下几方面着力:

第一、守法经营。“本固枝荣”,唯有本固,所有的举措方能发挥出正效应,即使有不当,也不会有伤筋动骨之虞,所以出版社的经营活动首先要合法合规,这是我社科学发展的必要前提。近年国家对财税政策、市场监管法则作了大幅调整,修订了《个人所得税法》、《企业财务通则》、《企业会计准则》,出台了《企业所得税法》、《反不正当竞争法》、《关于禁止商业贿赂的暂行规定》等政策,整体监管趋严趋紧。已经有出版社和业内人士因违规而受到处理,甚至有的还是主观上想办“好事”,但结果却是对个人和出版社都伤害甚深。前车之鉴,我社财务和会计制度严格规范,全社上下守法经营至关重要。另外,出版业界牵涉国家安全、机密等方面的图书、版权纠纷时有发生,社会上也对一些出版物品位低下、差错充斥、语言失范、逻辑混乱的现象反响强烈。图书是文化商品,国家在《产品质量法》、《消费者权益保护法》、《国家通用语言文字法》中都对侵犯读者合法权益的行为作了严格界定,新闻出版总署对出版物的抽检及处罚力度也在加大。“利人利己”,我们都要做有良知的编辑、负责任的出版社,为读者、为社会奉献合格的图书产品。

第二、推行综合评价准则。要研究调整现行的绩效考核办法,统筹考虑品牌、质量、出书结构等因素,实行分类考核,引导编辑在做微观品牌(个体图书)时,要考虑对中观品牌(专业门类)乃至宏观品牌(社)的贡献度,尤其是在目前行业图书利润率较高、有条件平衡市场类图书的情况下。同时,社里在鼓励生产部门抓经营之时,还要考察其推进部室全面建设情况,比如人员培养、规章制度学习落实、图书质量、专业品牌维护能力等,不能出现经济效益好但却缺乏好的图书品牌且图书质量、团队建设差的状况。

第三、建立员工导向机制。新的内外部条件下要转任务导向为员工导向或关系导向,强调集体工作、合作和支持性沟通,在组织中营造一种情绪上的支持、温暖、友情和信任的氛围。从领导角度要做的,一是要能带头深入研究重大问题。推动工作不是单纯依靠职位权威,而是靠自己对问题的深刻认识和高屋建瓴的把握赢得尊重和信服,靠个人品格、才

能、学识、情感等非权力影响力来引导、感化员工。二是注重人文关怀，加强上下沟通。长时间工作压力过大、负荷过重，人的工作效率和质量都会下降，思想观念和心态也会异化。因此，要注意社领导与中层、中层与一般员工之间的沟通，了解工作状态、思想状况，做好心理调适，缓解工作中的一些负面因素。另外，可辅以有组织的论坛或务虚会，给大家一个建言献策和讲真话的机会。对于新员工，既然将人家招入社，就要对其负责，不能放任自流，除了社里组织的入社教育外，部室主任要带头、老同志要做榜样，把社里一些约定俗成的东西通过长时间的言传身教使之固化下来，养成好的习惯和作风，并传承下去，这是构建和谐有凝聚力的企业文化之道。员工导向是双向的，负责任出版社的基础和前提是我们每位员工个体的负责，正如古人言："细之安必待大，大之安必待小。细大贱贵交相为赞，然后皆得其所乐"。因此，从员工角度要做的就是道德基础上的负责，"与人忠、执事敬、居处恭"，工作没尽到责，要感觉不好意思，心里觉得过意不去，如同做了亏心事一般。

总之，我们的发展基础良好，教育政策和所依赖的行业前景对我社近中期发展而言又总体利好，交通出版业仍大有可为。只要我们坚持正确导向、守法经营，着眼于以人为本、统筹兼顾做事情，上下良性互动，就能把内外部条件利用好、把任务环境带来的机会发挥到极致，转化为最大的收获，从而实现我社的长期可持续发展。

关于我社所属公司资源整合、促进发展的理性思考

刘敏嘉

一、社办公司的历史沿革和基本情况

上世纪 90 年代以来,随着出版社业务发展的需要,我社陆续成立了北京世纪汇通文化发展有限公司、北京中交盛世书刊发行有限公司、北京交实文化发展有限公司、北京金飞图书发行中心、北京九州通图电子科技发展有限公司、北京金交通达劳务服务有限公司、北京多元文化发展有限公司、人民交通出版社交实书店、北京兴通交通书店等 9 家社属公司,其中全资公司 2 家、社控股公司 5 家,全民所有制公司 1 家,集体所有制公司 1 家。就各公司经营的业务类型来分:销售及批发图书业务的 5 家,从事图文设计制作的 3 家,接受委托进行物业管理、劳务服务和房屋修缮的 1 家。我社当时积极创办公司的主要初衷是解决当时工资总额相对不足的问题。2006 年末出版社本部在职员工 199 人,其中公司人员 113 人。我社将大部分职工工资放入公司发放,这样较好地解决了出版社的工资总额缺口大的难题。2007 年以来,在部的大力支持下,工资总额基数有了较大增加后,公司大部分人员在当年 3 月已回出版社,公司人数当时下降到 54 人。但我社所属公司未进行注销和整合。

二、存在的问题及发展趋势

我社自上世纪 90 年代以来积极开办公司有其特殊的时代背景。这些公司的组建及实践运作,培养了员工的市场意识,锻炼了经营队伍,探

索了一业为主多元化经营的路子,较好地化解了我社工资总额不足的矛盾,同时,也吸纳、消化和分流了部分富余人员。但是公司在经营管理中也存在许多问题,有的劳动关系不清晰,产权与收益权矛盾,关联交易多;有的盈利水平很低;还有的目前已无实际经营业务等。2007 年 9 家公司的经营结果,其中的 6 家公司盈利,3 家公司亏损。随着部对我社工资总额逐步放开等经济环境的变化,为加强管理和有效规避风险,确有必要对我社现有的公司进行清产核资,理清债权债务,重新整合或注销。

三、公司资源整合的基本原则和思路

1. 基本原则

(1)经济增长的原则:各个公司发展到今天,市场类型、业务成长已有明确和清晰的定位。对于市场前景看好,有具体业务支撑,成长性看好,初步形成了一定核心竞争力,能够明显产生经济效益的公司应当保留,并促其发展壮大;对于市场现状和前景模糊,成长性较差,年年亏损,且管理成本和经营风险不断加大的公司,建议撤销或整合。

(2)社会化用人平台的原则:我社属公司社会化的用人平台和用工制度,比较有效地降低和转化了出版社的用工成本和用工风险,且基本满足了单位灵活用工的需要,对促进出版社的健康发展起到了积极的作用。随着全社会贯彻《劳动合同法》、《劳动合同法实施条例》力度的不断加大,我社在社会化用工数量日益增多的情况下,保留部分公司有利于出版社增强持续发展能力。但是,如何对社会化用工进行有效管理也是我社面临的一道新课题。

(3)规范、灵活的营销支出原则:我社保留有图书发行权的公司的存在,对社图书发行和盈利是一个有力的补充。2007 年我社对社属公司实行预算管理、规范运作后,使营销支出更加灵活。

2. 资源整合的思路

(1)理顺资产关系:公司经理是生产经营、资产管理的组织者和领导者,对公司资产(房屋、设备)负有保值增值的责任。要充分认识资产与生产,资产与经济效益的关系,确保国有资产的完整、保值和增值,达到建章建制,规范管理,有效经营。一是要做到定期开展公司的资产核查,二是理顺出版社与公司的经营资产的产权与收益关系。

(2)完善治理结构:公司要从理念、制度、经营等方面入手,完善公司治理结构。公司有了治理结构体系,做好内部的风险防范,努力提高公司治理运行效率,实现公司治理的持续改善,才能形成自身良性发展的机制。

(3)规避经营风险:公司经营风险是指由于经营环境的变化,以及公司经营管理工作上的失误和偏差而使公司在其生产经营活动的各个环节中可能遭受到的损失。因此,对外要加强公司对市场变化的预测和应对,对内健全公司各项管理规章制度,提高抵御风险的能力。

(4)确保持续发展:

公司存在的基本价值是产生利润,因此应根据盈利状况、发展潜力、市场前景综合考虑公司的整合,要以有盈利能力的公司为基础,整合相关、相近的业务公司,形成合力和核心竞争力,围绕效益目标和发展能力,确保公司整合的效果一加一大于二。

四、公司持续发展的具体保障措施

1. 明确经营者的任务指标

公司要可持续发展,首先要有明确的经营业务,量化工作任务指标,健全公司的考核机制,使公司经理全面履行工作职责。就我社各公司经营的业务类型来分,应进行三方面的任务指标考核:

(1)销售及批发图书业务的公司:主要任务指标应考核回款实洋基数,其他辅助指标为综合回款率、退货率、应收账款账龄控制及坏账率等。

(2)从事图文设计制作的公司:主要任务指标应考核毛利润基数。

(3)接受社委托进行物业管理、安全保卫和房屋修缮的公司:在按项目合同管理的基础上,应以各岗位所制定的岗位职责为依据,考核各岗位工作标准的达标率。

2. 建立考评体系

出版社对作为经营实体的公司要建立考评体系,对其进行财务考核和评价工作,财务考核和评价应以国有资产保值增值能力为核心,主要从财务效益、资产运营、偿债能力和发展能力等四个方面,检查、分析公司年度预算执行情况，考核各项经营业绩。

财务考核与评价一般应当以经过会计事务所审计后的财务会计报告为基础。其指标主要包括：

(1)财务效益：净资产收益率、总资产报酬率和资本保值增值率。

(2)资产运营状况：总资产周转率、流动资产周转率。

(3)偿债能力：资产负债率、已获利息倍数。

(4)发展能力：销售增长率、资本积累率。

3. 完善激励机制

为提高投资效益、保证资产增值，应建立公司经营责任制，完善激励机制。对于经营得当，取得较好经济效益的公司应当予以奖励；对经营管理不善造成亏损的，应及时采取措施予以纠正，并给予相应的经济处罚。

4. 加强财务监督

为了充分落实公司财务自主权，确保公司依法开展财务活动，应对其规范财务行为，加强财务管理，依法实施财务监督。只有公司外部的财务监督与公司内部的财务预算和内部审计约束相结合，才能保障公司充分用好财务自主权。对公司应注重做好以下几点工作：

(1)进一步规范财务支出事项的审批权限和发票报销手续。

(2)要加强会计凭证的审核与财务监督，梳理不规范的业务凭证。

(3)继续加强会计事项的审核与财务监督。

(4)强化对往来款项的管理和监控。

浅论编辑部门主任“六艺”

吴有铭

何为“六艺”,一直以来有两种说法。一种是周代所说,指古人所要学习的六种技能,即礼、乐、射、御、书、数。如,“养国子以道,乃教之六艺:一曰五礼,二曰六乐,三曰五射,四曰五御,五曰六书,六曰九数。”(《周礼·保氏》)。另一种是汉代的说法,汉儒以六经为六艺,即《易》、《书》、《诗》、《礼》、《乐》、《春秋》。如,“六经者,大艺也;礼、乐、射、御、书、数者,小艺也。语似分歧,实无二致。古人先识文字,后究大学之道。”(章太炎《国学讲演录》)。以上两种说法的共性内容是,“六艺”是人们必须掌握的六种知识或技能。

我们知道,编辑的“六艺”为选题、组稿、审稿、编辑加工、整理成形、校对,对于编辑而言,这是必须掌握的六种知识或技能。很多年轻编辑在从事编辑岗位之前,都已经接受了相关培训,认识到编辑“六艺”的重要性,并在具体工作中对照各项具体要求来执行,从而逐渐成长为独当一面的行家里手,有的甚至走上了编辑部门的管理岗位,当上了编辑部门主任。

编辑部门主任作为出版社的中坚力量,肩负着编辑部门管理、选题计划制订与实施、稿件编辑组织、年轻编辑的培养、编辑队伍的建设等诸多任务,只是掌握编辑“六艺”是不够的。那么,对于编辑部门主任是否也需要掌握一些必要的技能与知识,从而更好地推动部门的工作呢?本人不揣冒昧,基于自己一些粗浅的理解,在此抛砖引玉,提出作为编辑部门主任应该掌握的六种能力,涵盖技能与知识,即规划能力,编辑能力,营销能力,管理能力,创新能力,执行能力,姑且也称之为“六艺”。

1. 规划能力

规划能力包括两种,一种是部门整体规划,另一种是选题规划。实际

上，选题规划应该也属于部门整体规划的一部分，只是因为它的重要性而单列出来了。

(1)部门整体规划的作用。部门整体规划是对部门未来几年内发展的谋略，是部门整体性、长期性、基本性发展问题的应对计谋。它不是知识堆砌，而是对问题科学实际的解决办法。规划指明了编辑部门在未来的发展方向，是编辑部门自身发展必须要做的一项重要工作。实际上作为编辑部门的领导者，或多或少、或清晰或模糊、或详细或简单，都会在开展工作之初制订部门规划。但若对规划制订的作用重视、理解不够，实施效果将会大打折扣。

(2)部门整体规划的制订依据。规划制订要应用企业发展战略规划的原理，尤其不能脱离出版社整体的战略规划要求，在此基础上结合编辑部门的自身特点，理论结合实际，通过系统研究，对部门的整体经营作出的统筹安排，使发展方向明确，经营发展效率提升，生产工作开展有序。

(3)部门整体规划的内容。与出版社整体的战略规划相比，部门规划对规划“为什么”编制、规划目标“是什么”不做过多关注，而主要关注编辑部门在出版社整体规划中的定位、发展目标如何实现的问题，解决的是“怎么做”的问题。既要注重长远发展，又要兼顾部门当前发展。在简要对部门业务领域发展的 SWOT 分析的基础上，重点制订为实现部门整体经营目标所需要的编辑、营销、管理等工作的安排计划，以及必要的编辑部门内部的人员分工、经济指标分解、考核办法、薪酬分配办法的制订与落实措施，包括选题规划、人才规划等。

(4)选题规划的制订。它是以部门整体规划为基本依据，通过对出版环境的细致分析，在部门业务出版领域内，对未来一定时期(3～5 年)出版指导思想、方向、特色、总体目标、重点项目、产品层次、编辑分工、竞争策略、保障措施等内容所做的谋划，实际运作中应该根据市场变化，每间隔一段时间进行相应的调整。

2. 编辑能力

编辑能力包括宏观把握选题方向的能力与微观编辑综合素质所体现出来的能力。不但要求部门主任自己学习好、实践好，还要与编辑部门同仁共同探讨，提升部门整体编辑能力。

(1)宏观把握选题方向的能力是编辑部门主任首先要掌握的能力。第一，图书出版一定要符合党和国家的出版方针与政策，符合国家科技文化发展政策，弘扬时代主旋律，代表先进文化发展方向，不能出现任何政治性、方向性问题。第二，图书出版要关注当前经济社会发展方向，跟踪科技文化发展的热点与难点，关注该领域的权威专家，组织编写符合“三贴近”原则的重点图书。

(2)微观编辑综合素质所体现出来的能力。在发达国家，出版产业的社会分工很细，纯粹意义上的编辑加工工作基本上已经社会化了，出版机构内的编辑职责更多地体现在组织、管理、市场策划上。正如美国资深编辑理查德·柯蒂斯(Richard·Curtis)所指出的那样：今天的编辑“几乎必须十八般武艺样样俱全，既要精通书籍制作、营销、谈判、促销、广告、新闻发布、会计、销售、心理学、政治、外交等，还必须有绝佳的编辑技巧”。在我国，编辑也日益成为了一个杂家，这已是不争的事实。尤其是科技出版社的编辑，要求既要有专业背景，能与专家学者进行专业对话，深度沟通；又要具有经营管理思想、市场意识、成本意识，能够赚钱赢利；还要有与人交往所需要的各种待人接物的能力，与各种类型、性格的作者都能打成一片。

编辑部门主任首先要是一位优秀的策划编辑，具备策划编辑所需要的编辑能力，还要具备指导、管理策划编辑的能力。作为策划编辑，他需要具备以下编辑能力：作者资源的寻找技巧，主动利用现有资源开发渠道；对选题进行充分调研；综合考虑渠道与资源因素，做好市场预测；注重品牌效应，提升市场控制力；做好作品策划前期工作；实施项目负责制，进行项目预算等；制订市场营销方案，调动资源的能力；各生产、销售环节之间的协调与统筹；做好成本测算(印数、定价、投入、产出、各项成本比例等)，等等。可以认为，编辑若要独当一面，他就需要具备项目经理的各项能力。而作为协调、管理项目经理的编辑部门主任，他所需要的编辑能力就可想而知了。

3. 营销能力

营销是一种意识，更是一种能力。编辑部门主任所需要的营销能力，不同于策划编辑的营销能力。

作为策划编辑，应具备营销工作的前瞻意识，既要有宏观的把握，又要有细节的维护。营销作为编辑与发行之间的中间环节，要求策划、编辑、营销必须三位一体，即从图书的研发、生产(包括装帧设计)到市场终端，要像卫星导航一样准确跟踪定位。从市场终端的书店和读者那里及

时得到对图书反馈的意见，并通过修订、再版完善图书的内容。策划编辑侧重点是单本或整套畅销书的营销方案策划，包括，针对读者先期推广图书卖点，通过广告实施传播渠道策划，探讨读者定位、价格和包装适宜与否，协助推动销售渠道建设（规划渠道），协助制订相关销售政策（降低折扣、共同营销、增大宣传力度、让利读者），策划与寻找非传统道路（如报刊亭、美容院、地铁站等，加大直销力度），整合媒体的宣传攻略（预热期，BBS；销售期，书评），渠道控制跟踪市场（各地数据及时跟踪、主动添货）等。现在的发行越来越离不开编辑参与的营销，客观上也需要编辑走出书斋，完成大量的沟通和宣传工作。

作为编辑部门主任，关注更多的是整个部门图书品种的营销工作，尤其是渠道建设、规划与管理工作。包括协助市场发行部门制订相关销售制度，如图书渠道建立与创新、信息通路的优化，提供图书产品、服务，协助渠道开拓市场，协调渠道之间的合作与竞争，激励渠道，控制渠道，及时跟踪统计数据等；研究渠道需求，提出相应策略，加以引导，如学术报告、广告宣传、业务培训、出版信息提供、免费讲座等；提高出版社对渠道的影响力和控制力，利用新媒体营销，如网络、电视、手机、手持阅读器、博客等。

4. 管理能力

管理能力主要包括部门经营管理与队伍建设管理。

(1)部门经营管理。编辑部门承担着完成出版社制订的各项经济指标任务，在当前经营环境日趋严峻的情况下，经营管理工作越来越难。原材料的涨价，人工成本的增加，作者稿酬的提升、发行折扣的让利、盗版侵权的冲击，以及竞争对手的进入，替代产品的侵蚀，这些都是加快图书出版微利化时代到来的强化因素。如果再考虑到经销商的恶意欺诈、破产倒闭等因素，将直接导致出版经营的亏损。因此，部门主任必须更加注重编辑生产的精细化管理，优化生产流程，努力降低各项直接、间接成本，优化选题品种、结构，不断提高生产效率，进行制度化建设，提升各项经营管理能力。

(2)队伍建设管理。编辑部门主任既要积极引进、培养优秀编辑人员，又要对他们严格要求，大胆使用。把部门建设中心由个体编辑的发展转变为编辑团队的发展，打造一个研究开发型的编辑部门，人力整齐，智力密集，结构合理，富有战斗力。目前一些出版社往往比较注重个体编辑的考核，以激励、引导发挥编辑个体的作用。这从个体编辑短期发展来讲，也许是可行的，但对编辑群体和部门的长远发展来说，却是很不合理的。编辑部门要完成中长期的战略规划，形成特色的出版板块，组织实施大型的出版项目，单靠编辑个体是很难完成的，必须依靠编辑团队来协作完成。建立并带好一支队伍，使一个部门的发展具有可持续性，应该成为部门主任的一个重要责任。

要改变编辑，尤其是单兵作战能力较强的资深编辑的观念。编辑不可能个个都是从策划到营销的“十项全能”型的选手，特别是现在选题的开发有不少是综合的、复杂的系统工程，个体的单兵作战方式已经不能适应形势的需要。必须讲求团队精神、合作精神，加强合作的前提是部门编辑之间关系融洽、思想沟通，利益一致，才能集合智力、整和资源，对外才能形成合力。

要引导编辑尽快提升自身能力。提升编辑与作者的沟通能力，如对作品的定位与理解、提出有益的建议、了解发行营销策略、实施有韧性的沟通；提升编辑的文字处理能力，如做好与作者的前期磨合工作、洞悉读者的实际需求、锻炼编辑的书面表达能力；提升编辑的策划认识能力，要认识到选题策划是出版若干环节中的一环，图书策划是一个完整的思路，将经营思想贯穿其中，不能割裂。

要制订制度进行规范与引导。如在资深编辑对年轻编辑实施“传帮带”的导师负责制上，图书项目设置与实施安排上，图书资源使用上，编辑力量的调配上，奖励与约束机制的完善上，都进行制度化约定。

要关注个体编辑，尤其是年轻编辑的成长。使年轻编辑明白部门的工作方向和工作目标，了解其职责、职权范围以及与他人（本部门与其他部门）的工作关系；随时检查编辑的工作绩效及个人潜力，使编辑个人得到成长和发展；协助并指导编辑提高自身素质，以作为部门发展进步的基础；给予恰当及时的鼓励和奖赏，以提高编辑的工作效率。

5. 创新能力

创新能力是出版成功的关键要素，只有创新，才能避免翻炒跟风、追逐潮流；只有创新，才能立足市场、预见热点；只有创新，才能营造高格调、高品位的图书品牌，才能令图书常出常新，魅力不减。编辑部门主任的创新意识体现在部门工作的各个方面，贯穿于图书编辑、出版、发行的全过程，而尤为集中地体现在编辑部门主任的角色定位和目标定位上，其创新

能力体现在创新观念与组织创新作品上。

(1)创新观念。出版发展靠创新,创新首要来自观念更新。对于出版社尤其是编辑部门而言,观念竞争胜于产品竞争。

市场观念。所谓市场观念,就是以市场需求为导向,把握市场,引导市场。编辑部门主任首先要把自己定位成一个儒商,光懂出版还不行,还要有经营思想,要把这种经营观念渗透到自策划之始到出版发行的各个环节,实现营销全过程参与。

启发作者,改造作品。长期以来由于我国市场化发展程度不高,表现在图书写作上八股文习风流行,绝大部分图书的表达方式和叙述模式基本雷同,作者往往注重的是他要表达什么,而忽视了为谁表达的问题。所以,从这个方面来说,编辑部门要承担起启发作者,改造作品的任务,贯彻一个以读者为中心的编辑出版导向。

深度策划。要转变一个观念,策划不是简单地想出一个选题,起上一个名字,找上一个作者,把合同一签就万事大吉了。策划深度一定要跟上去,这不仅是一个写作形式和写作内容的问题,更是一个包括市场策划全过程的事情。在科技类图书出版中,编辑是做市场的,作者是掌握技术的,市场和技术的有效融合就是编辑的责任,应该说一部好的作品应该是编辑和作者共同的产物。

(2)组织创新作品。要引导全部门编辑关注并跟踪原创图书的出版工作。原创图书,是相对于翻译引进、点校、汇编图书而言,强调的是作品内容的"创新"性。众所周知,科技发展的核心动力在于不断地创新,而科技出版业作为"科技内容产业",其发展的原动力在于不断地将引领科技发展的各种"创新"元素融入到"内容产业"中。在做深做透"内容"的同时,做大做强自身的"产业"。尤其是对于科技类专业出版社,一定要重视本行业高端图书的出版,占领行业的学术制高点,这样既可以增加在行业内的影响力,又能带动一般专业图书的出版。在竞争日益激烈的情况下,精品原创图书是赢得市场的一个重要因素,这也是个关乎出版社发展长远的事情。

6. 执行能力

当今,随着精细化管理理念的深入,以及市场经济激烈竞争的加剧,各行各业、各个领域都在强调执行力,出版行业也不例外。执行力决定成败,无论是对个人还是对企业而言,都不是虚言。部门主任不但要提升自身的执行力,还要制订相应制度来引导、规范全体编辑提升执行力。执行力的强弱在出版发展中具有重要的作用,那么怎样才能提升编辑部门出版的执行力呢?

(1)主任要以身作则,身体力行,充分认识执行的重要。必须付出巨大的热情和精力,深入到部门的具体生产经营中去,带领大家去面对和解决一个个执行中的困难与问题,如项目策划、组稿、编辑、营销,以及生产环节的协调。主任自身必须是一位积极的执行者,不能也不应该把所有的执行工作都交给下属。

(2)要制订好的管理机制,进行有效管理。一是要建立一套行之有效、公平透明、贯彻始终的管理制度,使大家以制度为准绳,保质、保量地完成工作指标,提高管理效率和执行力;二是要建立相应的监督、激励机制。监督检查的最好办法是建立一种与战略目标相一致的绩效考核制度和奖励惩罚制度,以保证被奖励的人都是真正认真执行的人,受到惩罚的人都是执行中出现差错的人;三是要完善部门执行流程,把可执行的任务正确地分配给员工,并确保每个员工能准确地理解个人任务与部门目标的联系,这是保证编辑部门执行力的基本要素。

(3)加强员工培训,打造学习型组织。部门内部人员的整体素质对执行力的影响很大。要把编辑部门建造成一个学习型组织,提倡员工共同学习,及时了解、掌握新知识、新技能,不断提高员工的综合素质,帮助员工迅速获得新的思路、信息、知识和能力。

(4)加强沟通与交流。要建立顺畅的沟通渠道,确保部门内部成员适时地从多渠道获取全方位的信息;要避免出现信息的截留和剪辑筛选,避免主任与编辑之间信息的不对称,避免出现自上而下或自下而上沟通中信息的失真和损耗。通过沟通,可以使编辑对部门目标及每个人的任务达成共识,激发出员工执行中的积极性、创造性,起到凝聚团队、提升团队战斗力的作用。

作为一个编辑部门管理者,管理的主要目标既要带领全体编辑执行并完成社里制定的各项生产经营目标,又要使部门经营的活动功能持续长久,使部门的发展具有可持续性,为此编辑部门主任需要具备很多种能力。但因本人认识的局限性,在此只能是挂一漏万,抛砖引玉,把本人认为比较重要的六种能力进行了简单的归纳,作为奋斗方向与大家共同努力。

“数说”我社的出版与发行

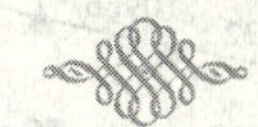

张 斌

工作关系，本人经常会受命对阶段性的生产情况作分析，因而积累下了一些数据。仔细梳理这些历史数据，好好总结，对我们更好地认识规律，在专业化道路上走得更宽更远，应大有裨益。

一、我社的发展得益于国家宏观经济持续向好与交通投资不断扩大

作为一家专业出版机构，我社的发展与行业的面貌息息相关，行业大发展了，其中便蕴涵着丰富的图书内容、大批的优秀作者和忠实读者，我社快速发展就有了天然的便利条件。而行业之所以能快速发展，正来自国民经济持续向好的推动与需要。新中国成立60年，实行改革开放30年，真正平稳快速发展是小平同志1992年南巡讲话之后的15年。交通大发展和我社的快速成长也正是在此期间。故这里我摘取了“九五”以来我社销售收入、交通固定资产投资、国内生产总值的数据，见图1。如图所示，一方面，有赖国家宏观经济向好的带动和交通行业宽广背景的支持，我们发展了，2007年销售收入是“九五”初期的5倍，翻了近两番半。另一方面，我社的进步又与国家和行业发展步伐一致，说明我们适应了交通事业蓬勃发展的需要，为行业做出了贡献。因此，我们在具感恩之心的同时更应坚定地秉持“立足交通、服务交通、服务社会”的宗旨，在专业化的基础上做强做大。

二、我社的发展是快速和良性的

从图1曲线形状来看，我社进入“十五”后发展速度明显加快。“九

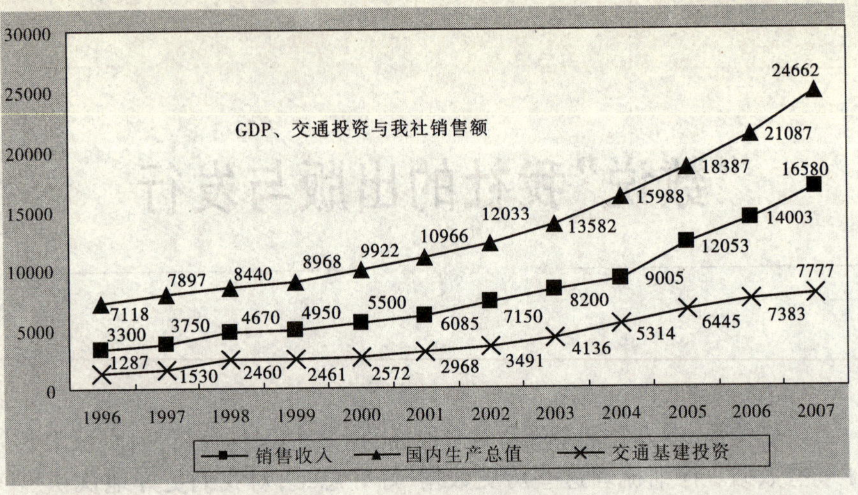

图 1

图注:我社销售收入单位为万元,国内生产总值单位为十亿元,交通投资单位为亿元

五”期间年均增长13%多一点,“九五”总共增加了66.67%,“十五”以来年均增长达到17%,2007年销售收入是2000年的3倍,翻了一番半。同时,我社的发展是良性的,增长质量远较全国平均水平为好。见表1,我社出版品种翻了一番,总印数持续增长并也翻了一番。而全国的情况是出版品种翻了一番,总印数却呈递减趋势并最终回到原点。说明其单品种印数较低且是下降的,我社单品种印数变化不大却维持在高位——是全国平均水平的两倍。我社销售收入与销售册数增长同步,而全国水平是在销售册数下降的情况下实现了销售收入的逐年递增,说明其销售增长严重依赖于图书定价的提高。如果再加上较好的重印表现,应对我社的选题品质、销售能力有充分的自信。

我社与全国出版销售情况比较 表1

	年份	出版品种	重印率	总印数(册)	销售册数(册)	销售收入(万元)
我社	2000	811	58.32%	4459349	3960893	5500
	2001	941	57.28%	4290396	3430286	6085
	2002	1004	49.00%	5602870	4502075	7150
	2003	1229	62.16%	6316090	4445925	8200
	2004	1502	64.05%	8015625	4567659	9005
	2005	1501	61.76%	8510527	7010827	12053
	2006	1342	66.30%	7187792	9511116	14000
	2007	1672	58.25%	8987244	9454418	16580

续上表

	年份	出版品种	重印率	总印数(亿册)	销售册数(亿册)	销售收入(亿元)
全国	1994	103836	32.80%	60.08	62.24	134.55
	1995	101381	41.65%	63.22	66.79	186.36
	1996	112813	43.58%	71.58	72.61	266.62
	1997	120106	44.56%	73.05	74.71	313.17
	1998	130613	42.79%	72.39	77.04	347.61
	1999	141813	41.41%	73.16	73.29	355.03
	2000	143376	41.25%	62.74	70.24	376.86
	2001	154526	40.84%	63.1	69.25	408.49
	2002	170962	41.10%	68.7	70.27	434.93
	2003	190391	41.80%	66.7	67.96	461.64
	2004	208294	41.62%	64.13	67.06	486.02
	2005	222473	42.20%	64.66	63.36	493.22
	2006	233971	44.32%	64.08	64.66	504.33
	2007	248283	45.13%	62.93	63.13	512.62

三、我社的发展是一种图书集合效应

由北京市教育委员会、北京市新闻出版局等资助的北京地区出版产业竞争力研究课题组,在研究发布的北京地区最具竞争力出版社排名中有两个结论:一是与总排行榜20家出版社以及10家社科类出版社比较,品种因素对科技类出版社竞争力的贡献要大得多。总品种与新品种合计对竞争力的贡献率科技类出版社为31.91%。二是与2000年相比较,科技类出版社竞争力结构比较稳定,10家排行榜出版社中只有1家不同,即2000年排名第9的中国电力出版社被挤出排行榜,化学工业出版社挤入第10名。近几年正是化学工业出版社品种扩张速度最快的几年,2003年其新书品种约为800种,2004年约为1100种,2005年约为1400种。据此,课题组认为品种元素是科技类出版社核心的竞争力。我社情况(见表2)与课题组的结论吻合度极高,出版品种年均递增9%且新书投放市场量不断扩大(除2006年品种数据有异常外),从而支撑了出版码洋17%的年增长率,也支撑了17%的年回款增长率。另外,过去7年当中,我社回款额/出版码洋比例平均为0.461,上下变化幅度不大,较为稳定,见图2。也即是说,回款成长是以出版规模增长为前提的。因此,每年适度增加适合发行销售的新品种的上市量,从某种意义上说是一个硬指标,对于作为科技社的我社的发展来说至关重要。

出版、入库、出库、回款指标间的关系　　表2

指标＼年份	2001年	2002年	2003年	2004年	2005年	2006年	2007年	
出版品种(新书)	941(402)	1004(512)	1229(465)	1502(540)	1501(574)	1342(452)	1672(698)	
出版码洋(万元)	13028	16358	18836	22325	25506	27200	32169	
入库码洋(万元)	11587	14623	16291	19678	26441	26329	30832	
出库码洋(万元)	9691	12738	14478	16945	22859	24436	26755	
回款额(万元)	6085	7150	8200	9005	12053	14000	16582	平均值
入库码洋/出版码洋	0.889	0.894	0.865	0.881	0.999	0.968	0.958	0.922
出库码洋/入库码洋	0.836	0.871	0.889	0.861	0.865	0.928	0.868	0.874
回款额/出库码洋	0.628	0.561	0.566	0.531	0.527	0.573	0.620	0.572

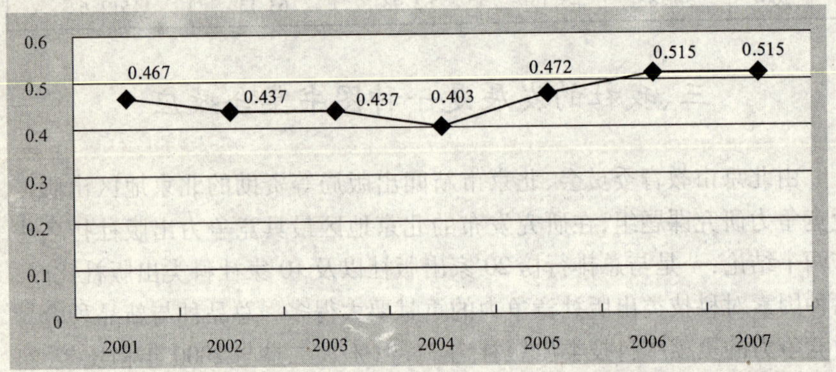

图2　回款/出版码洋

四、我社的发展仍有空间

剖析我社近些年出版的图书会发现,教材类比重及贡献率逐年上升,但主要专业类别公、汽、水一般图书比重逐年降低,且地图、土木及其他拓展类还未形成稳定有效的增量,见表3。开卷提供的数据显示,2007年下半年、2008年上半年我社水运类新书品种数、动销品种数都低于大连社,

虽略高于哈尔滨工程大学社，但市场占有率却低其6.5个百分点，排名第二。畅销书排行榜前100名，我社占23种，哈社占59种；前50名中，我社10种，哈社32种。我社08年上半年在销的汽车类新书品种数（15种）低于机工社的68种，也低于邮电社的18种，市场占有率以12.36%列第二，与06年相较，与机工社的差距是拉大了，而且其中“安驾”还贡献了3.96个百分点；畅销书排行榜前100名，机工33、邮电18、我社13、金盾10个，前50名，机工16、邮电13、金盾5、我社4个。前已述及，我社的发展是图书的集合效应，此应是不利的现象。考虑到我国汽车市场发展潜力巨大，汽车服务贸易体系日益完备，汽车销售服务、技术服务、运输服务、物流经营等汽车后服务市场进入高增长期。水运交通建设提速，到2020年要总体实现水路交通现代化，内河航运、海洋运输迎来大发展。因此，不管是从目前的市场分布还是未来的市场容量看，都预示我社还有提升空间。

图书结构　　表3

品种结构									
年份	公路类	汽车类	水运类	教材类	地图类	土木类	标规	其他类	合计
2000	27%	15%	10%	25%	2%				827
2001	27%	15%	10%	31%	2%				975
2002	23%	13%	7%	41%	2%				1024
2003	18%	9%	4%	40%	4%	3%			1217
2004	18%	10%	5%	39%	6%	5%	13%	9%	1502
2005	16%	8%	4%	46%	5%	3%	10%	7%	1468
2006	17%	6%	4%	48%	5%	2%	13%	5%	1342
2007	12%	3%	4%	62%	4%	3%	9%	4%	1646
新书品种结构									
年份	公路类	汽车类	水运类	教材类	地图类	土木类	标规	其他类	合计
2004	24%	13%	3%	23%	6%	8%	10%	14%	540
2005	22%	9%	5%	37%	2%	5%	9%	10%	564
2006	23%	8%	6%	30%	2%	4%	19%	9%	452
2007	18%	4%	4%	48%	4%	5%	12%	6%	684

综上，我社的发展同宏观经济形势与行业面貌息息相关，而今任务环境持续向好，我社又有良好的发展基础，在行业领域也有比较优势，我们应抓住难得的机遇，在传统优势领域深挖潜，在竞争性领域积极做大自己，将我社的专业化道路向更长更宽稳步推进。

编辑业务管理工作体会

姚亚妮

生产管理部工作内容涉及面广，工作性质也较繁杂，既要对内做好各项图书业务服务保障工作，又要对外搞好协调，处理好与新闻出版总署、上级主管机关和相关编辑部门的关系。结合情况，就做好编辑业务管理工作从以下几个方面谈谈个人的看法。

一、严格依法办事，增强责任意识

书号管理是编辑业务管理中一项重要工作，每年由新闻出版总署根据各出版社选题发稿上报情况，核发一定数量的标准书号给出版社，我社一年600多种的图书发稿量，书号与条码的核对工作容不得半点马虎，并应严格执行总署出版管理条例，严禁一号多用、买卖书号等现象。在出版中严格执行内容涉及少数民族宗教信仰、风俗以及涉及“文化大革命”等重大选题的备案制。执行《中国标准书号使用规范》，区别哪些图书使用统一书号，哪些使用标准书号。规范标准书号在图书、光盘封面中位置、大小的应用。做好每年的选题上报、两年一次的出版社年检工作，重大选题的上报，保证出版业务顺利开展。以上每项工作都直接关系到单位和职工的切身利益，因此，要强化责任意识和政策观念。我认为按政策法规办事，对所做的工作，要善于从依据法律和政策的角度去思考、去理解、吃透文件精神，既要坚持原则，又要掌握灵活性，才能做好本职工作。例如2008年是奥运年，由于有一些教材要赶在奥运会前出版，就不能要求编辑部门在选题、合同、封面都齐全的情况下再发稿，在征得总编辑同意的情况下允许编辑部在选题审批后提前预发书号和在版编目(CIP)，提前进入生产流程，保证了图书按时出版。在工作中要发挥好参谋作用，在履

行行政管理职能时,不能简单地奉命办事,要围绕工作任务,熟悉和了解政策信息,在领导决策中主动提出意见和建议,当好参谋。例如2009年将在全国实行书号管理改革,将彻底改变10多年来的管理方式,以见稿给号、实名申领、一书一号的方式发放书号和条码。利用计算机管理,通过互联网传输,整合书号、条码和图书在版编目数据(CIP)资源,实现对图书出版数据的远程录入、修改、查询、统计、汇总,并且使所有的数据一次录入,全程可用。通过不断完善,建立全国出版物信息管理平台,形成出版物元数据库。

这次书号管理改革,将改变以往总署直接管理书号的方式,实行谁主管谁负责,分级管理的原则。各省新闻出版局(中央在京出版社主管部门)为书号的核发部门,条码中心为技术管理部门。所有图书将通过网络填报的形式,下载书号和条码,出书后还要成书上报。在工作方式上将彻底改变以前从总署领取书号和条码胶片,转为专人负责书稿信息的录入、上报、下载、转变条码可出版印刷格式的全部信息化,这就需要有更强的责任意识和学习能力。

二、增强服务意识,树立高效务实的工作作风

目前,转变行政管理职能,由审批管理型向公共服务型职能转变是当前政府职能转变的重点。这不仅是市场经济发展的需要,也是全党和全国人民所面临的新时代的需要,更是实践科学发展观的需要。

在行政管理工作中,很重要的职责就是做好服务保障工作。服务意识强不强,领导和群众满意不满意,是衡量管理人员工作水平高低的重要标准。要做好决策的服务,要善于调查了解情况,掌握内外和工作有关的各种信息,及时为领导决策提供有参考价值的意见和建议。例如,我通过各种学习交流的机会,与其他出版社相关部门人员做好业务沟通、交流,熟悉出版大环境的发展趋势。对内,熟悉各部室的工作特点,通过与各部室的沟通,主动做好协调和服务保障工作;对外,处理好方方面面的关系,特别是与本单位有关的部门,如新闻出版总署、交通运输部等,积极主动沟通。在处理工作和解决问题时,要多向领导请示汇报,争取获得多方面的理解和支持。另外,我认为做好日常服务也很重要。办公室的工作,不论是涉及本单位的人和事,还是来客接待、收发、拟文、日常会务、发放物品、接听电话等事务,都不能简单地看成是一件小事,它既关系到职工的

利益，又关系到单位的形象，要做到尽心尽责，确保日常服务工作顺利进行。

要树立求实的精神。首先要思想求实，要有实事求是的精神和求真务实的工作态度。其次要作风求实，工作中要做到讲真话，说实话，不夸夸其谈，不弄虚作假。再次要工作扎实，要培养办事认真，一丝不苟的作风，无论是领导临时交办的工作还是职责范围内的事，都要扎扎实实、认认真真做好，决不能养成敷衍、应付、推诿的习惯。

要不断提高做好服务工作的能力，就要不断努力学习新知识，掌握新技能，提高自身的综合素质，努力适应交通事业发展对行政管理工作提出的科学化和规范化的要求，高效率、高质量地完成各项工作任务。

三、增强认真履行职责的自觉性，不断提高学习能力

作为管理部门的人员，工作中杂事、繁事、难事多，事务性的工作和专项工作样样都要去落实，工作中经常会遇到棘手的问题。我在工作之余认真阅读了《细节决定成败》、《你为谁工作》等书，使我很受启发，认识到要爱岗敬业，增强职责的自觉性，把自己的岗位看成是交通出版事业发展不可缺少的一部分。要时刻保持工作热情和工作的积极性，勤恳踏实地干事，把自己的工作融入到交通出版事业发展中，不计较得失，始终保持积极乐观向上的精神面貌。同时，要虚心对待各种意见，工作中难免有差错出现和考虑不周到的地方，虚心接受领导和群众的批评意见，本着有则改之、无则加勉的态度，才能使工作更上一层楼。严于律己，工作要向高标准看齐，增强做好工作的积极性和主动性，以进取的精神，自觉履行好职责。

要进一步提高专业技能和自身素质，需要提高学习能力，做到个人同出版社共同发展和进步。人的素质和专业技术能力，决定着工作质量的高低，甚至工作的成败。社会的发展对人提出了更高的要求，需要更高的专业技能。因此在工作中要不断学习，善于学习，特别是加强专业技术学习，才能全面提高人的素质，使自己成为符合时代发展需要的复合型人才。

出版集团实施 ERP 提升内部控制力

郭　敏

企业资源计划(Enterprise Resource Planning,ERP)作为一种管理理念由美国 Gartner Group 于20 世纪 90 年代初首先提出,经过 10 多年的发展,ERP 应用范围已由制造业逐步扩大到包括出版业在内的第三产业。

一、ERP 基本理论

ERP 是将企业所有的资源包括物流、资金流和信息流进行全面集成管理的管理信息系统。ERP 是建立在信息技术基础上,利用现代企业的先进管理思想,全面地集成了企业的所有信息资源,并为企业提供决策、计划、控制与经营业绩评估的全方位和系统化的平台,其核心是一种管理理论与管理思想。它是由 MRP - Ⅱ发展而来的,MRP - Ⅱ即制造资源计划:Manufacturing Resource Planning——它围绕企业的基本经营目标以生产计划为主线,对企业制造的各种资源进行统一计划和控制的有效系统。其核心是物流,主线是计划,伴随物流的过程还同时存在着资金流和信息流。

但 MRP - Ⅱ主要是面向企业内部管理,随着企业规模的扩大,多集团多工厂要协同作战,统一部署,这就超过 MRP - Ⅱ管理的范围,再加上信息全球化就催生了 ERP 并进一步继承和发展了 MRP - Ⅱ。ERP 的主线是计划,但工作重心转移到财务上,将财务会计升级为管理会计,在企业整个经营运作中贯穿了财务成本控制的概念。一般的 ERP 系统中常见的模块有:(1)销售管理;(2)采购管理;(3)库存管理;(4)物料需求计划;(5)质量管理;(6)账务管理;(7)成本管理;(8)应收账管理;(9)应付账管理;(10)固定资产管理;(11)工资管理;(12)人力资源管理;(13)分销资源管理;(14)系统管理等等。

ERP系统的简明信息流程图如下:

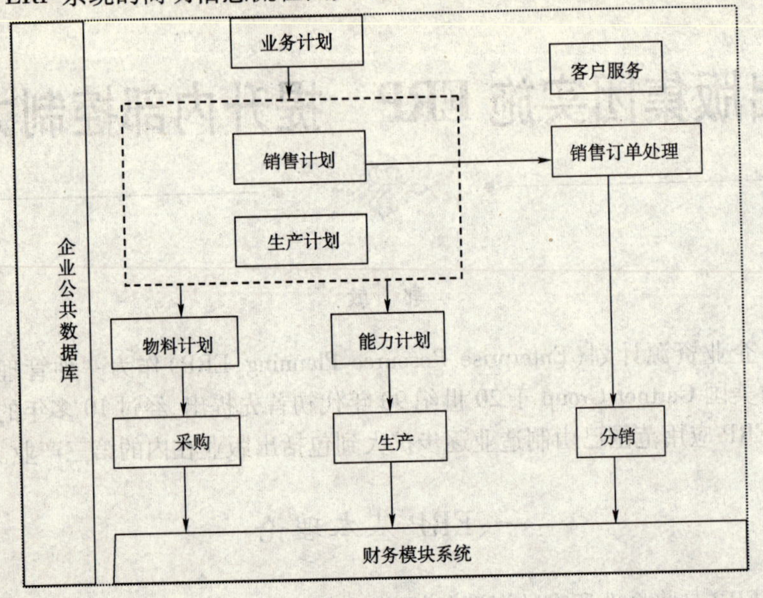

企业的公共数据库集成企业重要的运营信息,包含各个部门以及客户、供应链等方面的数据,这些数据是企业进行决策分析的重要依据。企业在生产经营过程中的物流、计划、信息流等数据最后都通过财务模块转化成为资金流信息,决策层通过财务分析来了解公司的运行状况。因而数据与财务模块在ERP中起着重要的作用,它们就如飞机的仪表系统一样实时的为用户提供企业的运转状况。这两大平台是构筑ERP对其他部门模块进行无缝连接的重要基础。

ERP系统扩展了管理信息集成的范围。除传统MRPⅡ系统的范围(制造、供销和财务)外,它还集成了企业其他管理功能,如质量管理、实验室管理、设备维修管理、仓库管理、运输管理、项目管理、市场信息管理、因特网(Internet)和企业内部网(Intranet)、电子通信(EDI、电子邮件)和电子商务(E-Commerce)、金融投资管理、法规与标准管理以及过程控制接口、数据采集接口等等,成为一种覆盖整个企业的全面的管理信息系统。由于面向供应链管理的ERP侧重于各种管理功能的信息集成,所以它在企业中已不仅仅是一种工具,它更为企业带来了一种全新的管理思想,并且其内涵还会随着科学技术的进步和管理理论的发展不断得到充

实。面向供应链管理的ERP系统是企业经营管理的一套整体解决方案，是信息时代企业实现现代化、科学化管理的有力工具，从某种意义上也可以说是衡量企业管理现代化的一个标尺。

二、ERP在我国出版企业应用的情况

我国出版业长期以来受到政府的保护与监管，市场化程度低，体制惯性大，现代管理机制还没有建立起来。与那些市场开放程度较高的行业相比，出版业内实施ERP有着更多观念、管理上的障碍。出版业改制和我国加入WTO后，一些有市场意识的出版社开始探索实施ERP。其中，有影响的是高等教育出版社和青岛出版社。

高等教育出版社2002年开始运作ERP项目，由其总编辑张增顺亲自带队到德国的SAP公司考察。一般ERP系统是面向通用行业的，而且着重于制造业，它的通用模块是不能直接用于出版企业的。高等教育出版社引用了销售与分销、物流管理、财务会计、管理会计这几个与其他行业区别不大的模块，但是在编辑系统与生产管理系统则是重新开发，以适应知识生产的特点。其系统上线后高等教育出版社就对其产品结构有了精确的掌握，并对各个学科的产品的各年的销量能做出对比分析。

相比高等教育出版社的大手笔，青岛出版社采用的是国内的和佳出版软件系统。据悉项目投入使用以来也取得了很好的效果，最主要是信息共享、资源整合。如果将审批后的选题录入青岛出版社的“选题库”后，出版部通过系统了解选题的进展情况，可以提前做好纸张材料、印刷厂等的安排计划；进而发行人员即可提前了解将要出版的图书信息，出版社领导及时了解选题进度。编辑也可相应地在系统中查看他人的选题单，以避免选题重复；即使到最终稿费结算时，只要编辑根据出版合同要求，把参数输入，系统会随时结算编辑的稿费。系统使得各部门的工作流程十分有序，工作质量大大提高。

三、出版集团利用ERP提高内部控制力

我国其他行业早就已经开始了ERP热，充分体现了企业渴望提升管理水平的需求。虽然出版业的改制比较晚，但已经没有时间作循序渐进的发展了。在面临国内外，业内外的资本的竞争之下，特别是新组建的出

版集团规模庞大，能否提高企业管理质量已经成为了企业生死攸关的大事。ERP 作为西方先进管理经验的结晶，如果能够顺利实施运行的话势必大大提高公司的管理水平和和市场反应能力。

我国出版集团组建后，其业务范围普遍涵盖了编、印、发，同时建立了以母公司为核心的集团模式。如辽宁出版集团以辽宁出版集团公司为母公司，子公司包括辽宁发行(集团公司、印刷公司，列加一些出版社共 22 个成员，总资产达 17.4 亿元。集团组建后无论以规模上讲还是从结构复杂性上讲，均迫切提高其管理水平和管理手段才能真正实现 1 +1 >2 的效果。出版集团在规模上有了实施 ERP 的需要，但在管理结构上则要求有相当科学的治理结构和管理水平，才能为 ERP 实施打下基础。企业必须形成规范化的动作制度，即要对集团现有的业务流程进行规范化、科学化的改造。如国内的哈尔滨啤酒集团公司，他们 ERP 项目成功的地方就是做好了 BPR(Business Process Reengineering，BPR 业务流程重组)，理顺了业务流程，建立了规范化管理规则。我国出版集团在实施 ERP 过程中，可以也应该借鉴这个经验。同时，借助这 BPR 这一“外力”来建立形成规范化的管理制度。

就 ERP 的结构功能而言，所有业务处理的数据最终要到财务部门进行会计核算，财务数据就是 ERP 系统最终的输出数据。因而 ERP 系统实施时一般应该从财务模块开始。这即及时解决企业的管理问题，又是一个实施 ERP 项目的便捷途径和突破口。利用 ERP 财务模块集成所有子公司的财务信息从而达到对子公司的实时监控，同时所有的业务活动都会以资金流的形式反映在账面上，由此便于整合集团内外部资源，发挥总部的计划与控制作用。

具体的实施方案是：

1. 集中设置单位账套

所有子公司的账套由母公司按统一的分类方式集中设置。

2. 统一基础科目设置

所有子公司的基础科目，会计期间，由母公司统一编码，命名，并集中设置。集团所有子公司使用的一级科目和特定的明细科目由总公司指定；下属子公司在建立本单位账目时可继承总部的基础科目信息并根据自己公司的特点个性化地修改明细科目。这种模式就加强母公司对子公司财务监管力度，收集上来的所有信息均能在口径上保持一致，同时也给予了子公司一定的自主权。

3. 集中式财务管理

系统提供对整个集团的全面财务管理，集团与成员企业的财务数据集中存放在总部服务器上。由总部统一制定财务核算和财务管理制度统一财务报表格式、编码原则。子公司建账时自动继承总部制定的基础设置信息，并且可以根据自己的特点个性化的修改明细科目。系统应实现财务管理的三个层次的要求：财务核算、管理会计、决策支持。最终所有的核算信息都要在总账中反映。集中式财务管理模型如下图：

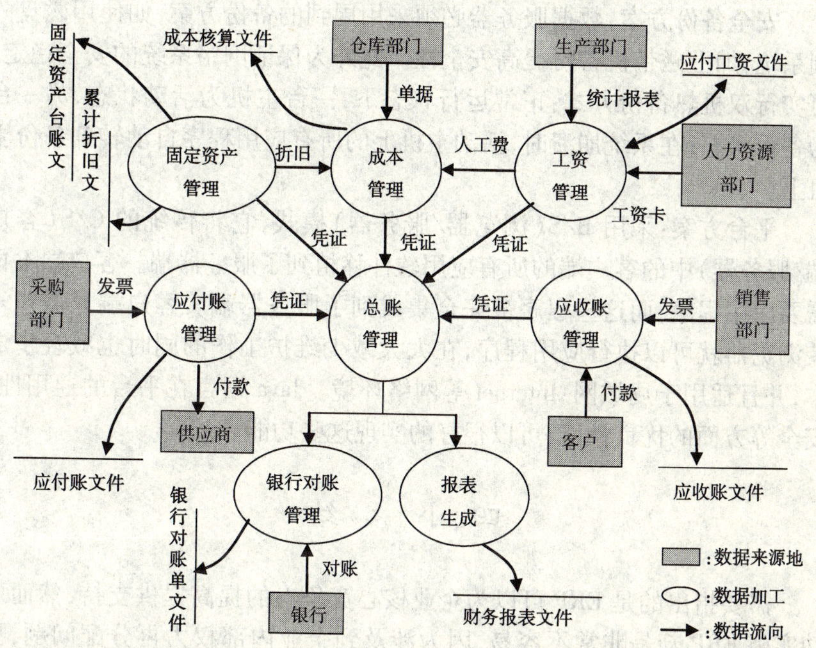

集团公司内部的各个职能部门的业务数据最终都流向财务部门的总账管理，业务数据最终转化为资金信息，体现了以财务管理为核心的管理思想。

4. 技术支持

管理模型选定之后，技术实现支持是实现管理方案的物质条件。现

在成立的出版集团其规模上已经很大,不可能应用传统的局域网模式,应当充分利用到 Internet 的优势。网络架构为:

母公司内部采用本地局域网,主干网使用 100Mb 快速以太网,为数据的传递、查询提供带宽保证。远离母公司的子公司则利用宽带 MODEM 接入电话网(ADSL-非对称数字网接入),如果集团公司有内部电话网的话,则使用公司内部电话网就可以得到高性能、高保密的网络通信环境。

服务器配置方案:母公司可使用两台服务器,一台作为母公司的数据服务器,另外一台作为应用服务器和 WEB 服务器,专门提供应用服务、因特网服务。

安全备份方案:数据服务器必须采用周到的备份方案,如使用磁盘阵列系统,加上磁带机备份提高安全性。此外为保证网络系统的安全稳定,可实行双机热备份方式:正常运行状态下,一台主机为活动状态,另一台为备份状态;在系统崩溃时,活动主机上的所有应用程序自动转到备份主机上。

平台方案:采用 B/S(浏览器/服务器)模式,它将传统的 C/S(客户端/服务器)中的客户端的所有应用软件移植到了服务器端。客户端不再需要应用程序,而这些程序被完全集成到了服务器端。客户端只需要安装浏览器就可以执行应用程序,在大大减少维护工作的同时也减轻了成本,并且适用于局域网、Internet 等网络环境。Java 语言在平台的通用性、安全等方面的优良性能,可以很好的实现这些功能。

四、小　　结

需要指出的是 ERP 可以为企业核心竞争力的提高提供支持,然而成功实施 ERP 却是非常不容易,因为涉及到企业内部权力再分配问题,更深层次的是科学管理制度的建立、原有业务流程的再造,每一步都将造成对出版企业传统体制的冲击。

加入 WTO 以来,国内企业为了应对入世后的挑战都急于提升自己的管理水平,一些企业便将 ERP 当成了救命稻草而纷纷上马实施。当然,其中不乏运作成功的例子,如哈尔滨啤酒集团公司、联想集团,但更多的是失败的遗憾。北京的三露因为实施 ERP 失败,而将联想集成系统有限公司告上法庭;深圳高石集团也同样由于实施 ERP 项目失败将联想集成再次告上法庭；长虹的 ERP 项目实施完第一阶段就宣告搁浅…这些企业失败的原因有多方面的，但共同的特点是将 ERP 仅当成一项信息化的过程，把它看成一种技术而不是管理理念，没有转变管理思想和业务流程的重新整合。因而在 ERP 上线时面对管理权力透明化和再分配，公司内部阻力便凸现出来，最终陷入所谓的“信息黑洞”。

实施 ERP 是一个战略决策，且其成果不是立竿见影，故集团领导需要以一种长远目光来看待。在决定实施后，就应该首先从员工培训和业务流程改造开始。且出版集团比起其他行业来，则需要更多精力来改变计划体制下的落后管理状况。

成功实施 ERP 后，必然会对传统的会计管理模式造成冲击，但使企业相关人员从烦杂的日常业务中解脱出来。同时也为集团母公司提供整个集团内部的资金信息，做到决策时有科学的数据支持，并让母公司能实现监控各子公司的动作状况和经济效益，以随时做出调整，因此管理质量必能得到大提高。尽管如此，ERP 的高成本仍然需要充分的衡量，动辄上千万的实施费用极有可能让集团陷入“IT 黑洞”。国内企业近年来 ERP 项目的高失败率的事实，是出版集团上马 ERP 时应该考虑的因素，他们失败的教训更是我们出版业应该吸取的。

加强企业应收账款管理之我见

王风力

随着社会主义市场经济的迅速发展,市场竞争日益激烈,企业为了在竞争中取胜,竞相扩散赊销业务,提高销售额,打开市场局面,往往会采取先发货后收款的交易方式,于是在会计上便会形成一定数量的应收账款。这种交易方式的确增加了企业的产品销量,推动了企业的发展,但是大量的应收账款被外单位占用,暂时脱离了本单位的资金周转,增加了财务成本,给企业带来了很大的风险,严重的情况下还会形成坏账,给企业带来不应有的经济损失。有效地加强应收账款的管理成为企业管理和生死存亡的关键。

一、应收账款产生的原因

据统计,我国企业应收账款占流动资金的比重为50%以上,并且应收账款总量逐年递增。各企业在经营过程中由于经营方式的不同和对货款回收管理力度的强弱,不同程度地存在着应收账款。造成目前各企业应收账款的主要原因有以下几个方面:

(1)缺乏风险意识。

(2)管理不善。

(3)法律观念淡薄,自我保护意识薄弱。

(4)奖惩错位。

(5)恶意拖欠。

(6)系统内相互拖欠。

(7)企业自身的问题。

二、应收账款问题的弊端分析

(一)降低企业的资金使用效率

由于企业的物流与资金流不一致,发出商品,开出销售发票,货款却不能同步回收,而销售已告成立,这种没有货款回笼的入账销售收入,势必产生没有现金流入的销售业务损益产生、销售税金上缴及年内所得税预缴,如果涉及跨年度销售收入导致的应收账款,则可产生企业流动资产垫付股东年度分红。企业因上述追求表面效益而产生的垫缴税款及垫付股东分红,占用了大量的流动资金,久而久之必将影响企业资金的周转,进而导致企业经营实际状况被掩盖,影响企业生产计划、销售计划等,无法实现既定的效益目标。

(二)夸大企业的经营成果

由于我国企业实行的记账基础是权责发生制,发生的当前赊销全部记入当期收入。因此,企业账上利润的增加并不表示能如期实现现金流入。会计制度要求企业按照应收账款余额的百分比来提取坏账准备,坏账准备率一般为3% ~5%(特殊企业除外)。如果实际发生的坏账损失超过提取的坏账准备,会给企业带来很大的损失。因此,企业应收款的大量存在,虚增了账面上的销售收入,在一定程度上夸大了企业经营成果,增加了企业的风险成本。

(三)加速企业的现金流出

赊销虽然能使企业产生较多的利润,但若企业一味地追求利润最大化而采用大量的赊销方式,势必导致应收账款的风险的增加,同时并未真正使企业现金流入增加,反而使企业不得不运用有限的流动资金来垫付各种税金和费用,加速了企业的现金流出。

(四)影响企业的营业周期

营业周期即从取得产品到销售产品,并收回现金为止的这段时间,营业周期的长短取决于产品周转天数和应收账款周转天数,营业周期为两者之和。由此看出,不合理的应收账款的存在,使营业周期延长,影响了企业资金循环，使大量的流动资金沉淀在非生产环节上，致使企业现金短缺，影响工资的发放和原材料的购买，严重影响了企业正常的生产经营。

三、应收账款的解决方案

（一）销售、财务的监管

1. 在销售合同中明确各项条款

在与经销商签订图书销售合同时，要注意以下事项，以避免日后处理应收账款时与经销商产生分歧而带来经营风险：

（1）明确各项交易条件，如：价格、折扣、付款方式、付款日期、运输情况等。

（2）明确双方的权利和违约责任。

（3）确定合同期限，合同结束后视情况再行签订。

（4）加盖经销商的合同专用章。

2. 定期的财务对账

财务要形成定期的对账制度，每隔 3 个月或半年就必须同经销商核对一次账目，以下几种情况容易造成单据、金额等方面的误差，大家要尤为重视：

（1）产品结构为多品种。

（2）产品的回款期限不同，或因经营条件的不同而同种产品回款期限不同。

（3）产品出现调货、退货、换货时。

（4）经销商不能够按单对单（销售单据或发票）回款。

3. 产品铺货率的正确理解

如果产品铺货率提高，会增加销售机会（提高了消费者的购买便利性），但应收账款和经营风险也同时增加；如果降低铺货率，经营风险虽然降低了，但达不到规模销售的目标。所以正确、合理的解决产品铺货率问题，对降低应收账款，保证货款的安全性是有帮助的。因此我们建议在不同销售阶段，或根据图书不同的销售策略，或根据市场推广的强弱势而采取不同的铺货政策。

4. 制定合理的激励政策

我们在制定营销政策时，要将应收账款的管理纳入对销售人员考核的项目之中，即个人利益不仅要和销售、回款业绩挂钩，也要和应收账款的管理联系在一起，制定合理的应收账款奖罚条例，使应收账款处在合理、安全的范围之内。

(二)经销商的监管

1. 在日常工作中经销商拒绝付款常用的几大借口

(1)产品销售比率达不到付款条件，因此拒付。对方以这个为借口时，千万注意不要听之任之，要刨根问底，立刻要求对方打印进销存清单，并立即传真或发电子邮件过来，仔细核对计算。如果属实，那自身就确实需要调整和反省；如果达到付款比率，那就理直气壮要求对方在期限内付清书款，千万别嫌麻烦，否则损失的将是企业。

(2)我们对发票有争议。没有哪一家企业从不出错，尤其是在全国众多经销商兼并、转制的情况下，对方单位户名、账号、税号等经常更换，企业出现差错在所难免。如果你的客户是对的，应当立即更正发票，附上一份道歉书并重新约定付款时间。

(3)我们1个月后将收回一大笔款，届时就可以偿付你的全部款项。请大家不要相信这个借口。这些欠债人要求你安心等待1个月，到那时候他们再来处理这件事。如果你同意了，只不过是多给他们1个月时间编造另一个借口来解释为什么仍不能付清账款。

(4)我在等候批准。客户的单位越小，这越可能是一个借口，但也越容易迅速解决。必须不厌其烦弄清楚需要谁批准这份账单，为什么仍未批准，是否此人正在出差；如果此人在出差，那么是何时离开的，如果是昨天刚离开，而你的账单已经拖了两个月，就需要了解他离开之前为什么没有批准付账，到底是什么原因造成拖欠。如果不问清楚这些问题，今后每次催款，都可能遇到相同的借口。

(5)你要款的时候不对。经常有这样的场景：企业在一季度向客户催款时，对方回答刚过完年，手头没钱；二季度催款时，对方回复现在是销售淡季，现金不足；三季度催款时，对方推辞学生刚开学，教材款没到位；

四季度催款时，对方则回答“我们和几百家企业都有业务往来，现在你们都要来，怎么应付嘛！”照他的逻辑，他永远有理由，永远没有付钱的时候。所以，千万不要相信他的谎言，该怎么做时，还得怎么做。

2. 针对经销商以上的借口，我们可以采取以下措施进行监管

（1）完善的经销商开户制度。合作前对经销商进行评估就显得尤为重要，评估的内容应包括：

①经销商的资信状况。包括：企业发展状况、在行业中的口碑、在销售通路中的评价等。

②经销商的财务状况。包括：企业的性质、注册资金、固定资产、流动资金、企业欠债情况、经销商应收账款等。

③经销商的经营状况。包括：公司发展方向、负责人经营理念、主营销售渠道、是否有本行业的经验等。

④负责人的个人资料。包括：社会地位、个人背景、婚姻状况、个人爱好、不良嗜好等。

（2）对已合作经销商的监管：

①强化经销商的回款意识。经销商在处理应付账款时，会根据下列原则而选择先后支付顺序：首先是对经销商利润贡献的多少，其次是代理产品销售金额的多少，然后是代理产品在经销商心目中的地位。要经常性地强化经销商的回款意识，促使经销商将我社的付款顺序排列在前面，这是我们工作的目标和努力方向。

②控制发货以减少应收账款。按照经销商实际的经营情况，采用“多批少量”的方法可以有效地控制应收账款。

③适当的通路促销以减少应收账款。根据20/80原则，对于20%这部分重点客户的应收账款的管理，是应收款管理的重中之重。同时建议：在年中以通路促销为条件、在年末以年终返利为条件促使重点大客户降低应收账款。

④建立经销商的库存管理制度。通过对经销商库存的动态管理（销售频率、销售数量、覆盖区域等），及时了解经销商的经营状况，有效地控制应收账款。

3. 经销商发生欠款的危险信号

（1）在日常经营、管理中，经销商出现以下一些信息，对企业回款的安全性是有警示作用的。如：

①办公地点由高档向低档搬迁。

②公司财务人员经常性的回避。

③多次破坏付款承诺。

④经常找不到公司负责人。

⑤公司负责人发生意外。

⑥银行退票(理由:余款不足)。

⑦转换银行过于频繁。

⑧以低价抛售商品(低于供货商底价)。

(2)当经销商出现以上危险信息时,企业应采取果断、迅速的应变措施,可以降低应收账款的回收风险。具体措施如下：

①加强销售人员的回款意识。

②加强销售人员的原则性。

③加强销售人员的终端管理和维护能力。

④提高销售人员的追款技巧。

⑤折让。

⑥收回货物。

⑦处理抵押品。

⑧寻求法律协助。

⑨诉讼保全。

和谐出版浅议

粟光华

目前,在深化文化体制改革,推动文化大发展大繁荣的背景下,出版业在坚持为人民服务、为社会主义服务的方向,全面贯彻百花齐放、百家争鸣方针的同时,正在经历一场深刻而广泛的变革。针对我国出版业的发展现状,出版社应准确定位自己的出版领域,在专业领域做大、做强;准确定位目标读者及发行渠道,建立自己的终端客户网络,个性化渠道网络;同时还应根据自身的特点定位出版规模、发展时段、人力资源等,个性化设计出版社内部组织结构与分配结构,优化处理集权、放权与分权之间的关系,激活组织、人员的活力和创造性。

和谐出版是指在图书的生产过程中,每个人员各司其职,以人为本,力求在保证社会效益的前提下使图书的经济效益最大化。和谐出版要贯穿出版工作的始终,必须注意以下几个方面的问题:

1. 以人为本,出版策划的根本价值取向

出版策划的以人为本,是以读者、作者以及经销商为本,策划编辑应该站在这三者的角度,对自己策划的图书进行综合分析。

读者的多少是出版社竞争力的重要组成部分。站在读者角度,编辑策划工作贯彻以人为本,就是要使所策划的图书在读者中产生共鸣,使更多的读者认可并喜爱图书的内容。目前,以读者为核心,提供个性化的内容服务已成为出版的新概念,出版社应提供读者关心和需要内容的出版物。

作者是出版社宝贵的资源,优秀作者的流失对出版社的损失是难以估量的。站在作者角度,编辑策划工作贯彻以人为本,就是应量作者之力而行。一本漫无边际、包罗万象的图书是绝大多数作者所力不能及的,策划编辑应设身处地地为作者着想,使作者“能写”又“乐写”,同时应积极为作者提供帮助。另外,以作者为本,也会培育更多的作者资源,使作者和出版社之间保持一种经常的联系,达到和谐共赢。

经销商是实现图书使用价值的重要媒介。站在经销商的角度,策划编辑应经常走到经销商中间,保持和其必要的联系,虚心听取出版商的意见,并加以归纳总结,多层次、多角度对自己策划的图书加以审视。策划编辑应经常和出版商交换意见,对其提出的正确建议虚心接纳,弥补自己想法及构思中的不足。

2. 编辑、出版、发行环环相扣,相互促进

内容是图书竞争的核心和根本,出版物不论以何种形式出现都是为了满足人们日益增长的精神文化需求,无论是纸质书、电子书还是网络,依然以其内容和内在品质为主。应注意的是,随着社会经济的发展,“内容为王”有了更深层的含义,即谁对内容资源拥有更强大的集约整合能力,谁就拥有更大的市场控制力。

在选题策划保证图书内容的大前提下,编校质量在保证图书内容中占有举足轻重的地位。编辑应对自己经手的每一本图书保持高度的责任心,对编辑加工质量应加以重视,不断充实自己的业务能力。同时应本着为读者服务的态度,对读者反馈信息认真对待,出版社也应对读者反映的问题加以重视,责任落实到人。编辑切实把为读者服务的意识根植于心,以此指导自己的工作。发行在实现图书的使用价值上有着其他部门不可替代的重要作用。出版社发行部门应集思广益,积极利用现有的手段来销售出版物,极大地保证自己的利益,掌握市场销售的主动性,有目的地拓宽市场。

编辑、出版、发行是出版工作的三大环节,缺一不可。在图书的生产过程中,编辑、出版和发行人员应加强沟通,及时解决其中遇到的问题,为出版优秀图书夯实基础。

3. 人才储备和制度激励

人才储备是考量一个出版社未来竞争力的重要手段。出版社应适时适地调整自己的人才储备,把老、中、青编辑队伍建设提升到一个攸关出版社生死存亡的高度,使之保持在一个合理的水平,以老带新,以新促老,这对保持出版社可持续发展至关重要。出版社应在保证编辑每年必需的培训之外,积极组织有关社内社外的专家开展讲座和培训;适时更新知识结构;积极关注业内动态;使编辑的知识水平始终保持和国际先进水平接轨。

另外,出版社在劳动报酬分配问题上,应在效益优先的情况下,兼顾每个部门以及部门内每一个人的公平。效益好、对出版社贡献大的部门,出版社应在一定范围内给予物质奖励,以使员工保持高昂的战斗力,但同时也应综合考虑保障工作效益较差部门员工的利益及积极性。老编辑和新编辑在待遇方面有一定的差别,对于刺激新编辑多策划好的图书以及保证饱满的工作热情是有益的,但是收入差别过大,会使新编辑产生懈怠情绪。出版社应在一定限度、一定时间内适当予以调节,鼓励新编辑以更加饱满的工作热情投入到工作中。

科技类图书定价策略分析

郑蕉林

图书定价是出版过程中的一个重要环节。图书定价,看来似乎是个简单的问题,其实不然。从一定意义上来说,图书定价的合理与否,不但关系到出版社、图书经销商、读者之间的经济利益,更重要的是,它甚至会直接影响到一本书进入市场后的前途和命运。因此,出版社给图书定价,并不是一个简单的成本核算和利润追求问题,而是牵涉到对图书、市场、读者的综合判断,是一项颇为繁复的工作,是值得我们广大出版人关注的问题。

科技类图书的定价策略与大众图书的定价策略是有明显区别的。一般来说,大众图书产品差异性较小,出版社多采用低价策略以争取竞争优势,且营销费用在图书成本构成中比例较大,其定价策略较为复杂,本文暂不详述。而专业图书的产品差异性大,一些专业读者在选择相关专业图书时,更多地是考虑图书内容及质量,价格往往不是最主要的影响因素。但面对市场经济的考验,科技类图书长期以来以印张定价的定价策略对某些类别的专业图书来说,是忽略了其特定的内在价值,也忽略了专业图书的另一部分利润空间。因此,在图书定价问题上,应结合"以市场为导向"的原则,针对不同类别的科技图书采用不同的定价策略,这样可以合理提高图书利润、体现图书价值并更好地适应图书市场竞争的需要。

一、影响图书定价的关键因素

1. 成本与利润

图书定价首先要基于图书生产过程中所需原材料的实际消耗(直接

成本）；其次，要考虑每个具体出版社行政管理费的实际消耗；最后，应考虑企业的利润目标。

图书的实际总价格（定价、印数与发行折扣之积）是图书的制造成本（直接材料费、直接工资、直接费用、间接费用）、费用（管理费、财务费用、销售费用）、应缴税款、利润（或亏损）之和。从理论上讲，这里举凡各项均与图书定价相关，均构成图书产品价格形成的依据。

通常，印数、发行折扣、排版及印装成本、稿酬、利润期望值是定价重点考虑的因素。对于某些图书，高额的宣传推广经费也是图书定价应考虑的因素。

2. 图书印数与生命周期

在图书定价中，印数是一个十分关键的因素。人们通常用保本微利印数来衡量一本图书的出版成本和利润情况，并按印数的多少确定能否出版该图书，在这里，印数等同于发行数。目前通行的观点是，3000～4000册为一本图书的保本印数。也就是说，印数是图书价格中的关键因素，超过保本印数的图书，价格是可以逐步降低的。而在保本印数之内的图书，价格是不具备弹性的，甚至可以适当提高。比如，市场需求总量有限的学术著作，与能够以万册计算、大批印制的教材，同样按照印张确定零售价格，显然是十分不合理的。

图书的生命周期与图书印数类似，图书生命周期越长，表示图书销售的潜力越大，重印率越高。众所周知，重印书的成本低，生命周期越长，其图书平均成本就越低。故在成本相同情况下，长销书的定价可比短生命周期图书略低。

3. 读者需求

图书定价应考虑到读者的需求心理。科技类图书的读者与大众类图书读者不同，一般是因图书内容的实用性而购买的。这部分读者群是相对固定的，即某相关行业从业人员及师生。在此基础上，可对其进一步细分。比如，一部学术专著，使用对象主要为专业知识分子，根据目前我国知识分子的文化消费指数、使用场景、利益相关程度，分析出心理接受价格范围，再确定图书价格。而以一线工人为消费对象主体的技术书籍，其图书价格应相对较低。总之，要在市场细分、明确读者需求程度的基础上确定图书价格。

4. 同类产品价格

图书市场竞争日益激烈,很难寻找到"人无我有"的选题资源,大多图书都是在激烈的竞争中占有一席之地,因此,市场中同类产品的价格,无疑也是图书定价的参照依据。

5. 图书的无形价值

图书的无形价值就是包含作者的知名度、出版社品牌、权威人士的评价等独占性因素的人力资本。出版行业中的人力资本,包含两个层面的含义,一是指优秀的出版策划、适销对路的选题和生产加工质量较高的出版社人力资本;二是指优秀的作者队伍资源。很多选题的作者资源是带有独占性的。两种人力资本所形成的无形资产,在图书价格形成中是具备核心作用的。读者支付的图书价值中,除了包含纸张、设计、编辑、印装等加工成本之外,读者还为自己对图书传达的内容做了精神评判,并为此支付了金钱。故图书的无形价值应在图书定价中予以适度体现。

二、常用的几种图书定价策略

图书定价的基本方法有印张定价法、成本定价法和利润率定价法,还有在这些基本方法基础上延伸出来的随行就市定价法、差异定价法、理解价值定价法、心理定价法等方法。

1. 印张定价法

按印张定价始于20世纪50年代,至今仍是出版社最常用的定价方法。按印张定价的好处是容易操作,行业管理方便(可规定价格或定价范围),但有时会导致定价与成本、经营效果脱节,特别是不能反映图书印数对图书行业的成本和利润的影响。

2. 成本定价法

成本定价法的完整涵义是以图书产品单位成本为依据,既可能高于也可能低于通行的印张定价,其中定价等于成本是保本经营,定价大于成本是赢利目标经营,定价小于成本是亏损目标经营。

印张定价法和成本定价法是目前科技类图书最常用的两种图书定价

方法，但在现今激烈的市场竞争条件下，存在着许多不足之处，具体表现在：

(1)这两种方法均不能反映图书印数与生命周期这两个关键因素对图书行业的成本和利润的影响。

(2)这两种方法都无法反映人力资本所形成的无形资产在图书价值形成过程中的核心作用。

图书价格是有形生产成本与无形成本的体现，图书无形成本就是作者、编者具有独占性的人力资本价值，人力资本价值形成图书品牌与出版社品牌。这种无形资本形成的品牌价值在市场竞争中越来越发挥着重要的作用，只有充分认识这种无形资产的价值，并在图书零售价格中得到充分体现，结合读者细分定价等方法反映这种价值，才能适应图书市场竞争的需要。

3. 利润率定价法

利润率定价法是先设定利润率指标，通过反推使定价与之一致的方法。由于出版经营活动不确定因素的存在(如滞销、重印等)，利润率定价法用于一般图书的不准确性在所难免。

4. 随行就市定价法

随行就市定价法是参照市场上同类图书的标准(如每印张价格)定价的方法。它一般将图书价格保持在市场平均水平线上，是一种省事的、平和的定价方法，避免了竞争和决策偏差的风险。使用该方法应注意采样的广泛性，并及时跟踪市场动态。

5. 差异定价法

差异定价法同样需要了解市场的平均价格，但根据自己对市场的理性分析，或为增强竞争力使书价低于平均价格，或利用自身的优势(如质量更好、宣传力度更大、分销渠道更广等)高于平均价格。与随行就市定价法相比，差异定价法是一种进攻性的定价方法。

6. 理解价值定价法

理解价值定价法属于以需求为导向的定价方法，以读者对图书商品价值的认知和理解程度作为定价的依据。实施理解价值定价法的要点在于出版社要提高读者对图书效用的认知和理解程度,其根本是要提高图书的内容质量。此法适用于具有独占资源的不可替代产品,如中国经济出版社出版的《2009年中国信托公司经营蓝皮书》,16开614页,按常规印张定价法通常定价应在100元以内,但该书实际定价150.00元,其定价就充分考虑了该书的价值因素。该书内容包含全国各大信托公司2008年年报摘要汇总,具有权威价值,这对金融行业从业者具有很大的参考意义,且读者对象一般具有较高经济承受能力,故该定价在满足市场需求的同时也使图书得到了效益的最大化。

7. 心理定价法

心理定价法是在基本定价法的基础上结合社会读者的需求心理以决定最终图书价格的方法,如使某类书价格控制在某个价位(如40元)以内,以及舍零取整(41元改为40元)、舍整取零(40元改为39.8元)、降低数量级(41元改为39元)等,心理定价法有赖于对读者购买心理的把握和洞察,寻求利于图书销售的心理价位。

图书定价选择是一个综合、复杂的工程,受制于多种变数的影响,除了前面说的几个定价策略外,还应结合具体的条件、变化的环境做出决断。因此,图书定价决策的过程实际上也就是在各种要素中甄别出起主导作用的属性,选择与之相适应的书价的过程。

三、不同类型图书适用的定价策略

1. 教材

教材一般发行量相对较大,重印率高,故在印张定价法基础上应结合利润率定价法,并充分考虑学生的经济承受能力,在保证利润的情况下尽量采取低价。且目前教材市场竞争异常激烈,故必须对市场上同类竞争产品的定价进行分析,比较优劣势之后谨慎定价。

2. 行业规范及前沿技术类图书

行业规范及前沿技术类图书往往具有独占性的资源,内容价值附加值高,特别是行业规范类图书内容具有垄断优势,这类图书在定价时可在成本定价法(即保本定价)的基础上充分考虑图书的无形价值,结合理解价值定价法适当提高定价。此外,结合图书的发行量与生命周期,可适当浮动价格。

3. 应用技术类图书

应用技术类图书一般具有实用性的内容,但也必然有一定的竞争产品,故其定价要充分考虑市场因素。此类图书在印张定价法基础上应结合随行就市定价法或差异定价法,以保持同类产品价格竞争优势。此外,还应结合心理定价法,尽量降低图书价格的数量级。

4. 考试辅导类图书

考试辅导类图书属于热销类图书,有较好的利润率,故市场竞争也非常激烈,通常市场同类产品较多。由于考试辅导类图书大多读者为自费购买,且读者在短时间内无法对图书内容质量做出准确判断,故价格因素是影响读者选择图书产品的一个重要方面。此类图书在印张定价法基础上要充分考虑差异定价法与心理定价法。

四、图书定价不能忽略的几个问题

(1)图书定价并不是一个孤立的决策过程,这与前期的选题策划、组稿、后期的营销策略都有着系统地联系。

比如,若想按照读者层次细分定价,那么在前期的选题策划时就必须定位准确,不能使读者对象模糊不清。

再如,若需要控制定价,那么在前期组稿时就必须严格控制书稿字数,否则在定价时必然被动。

最后,若图书定价本身较低,已属于微利品种,那么此类图书在营销中就要严格控制折扣,以保证收回成本。而一些高定价图书在收回成本后,生命周期的中后期可适当降低折扣,以减小库存、进一步促进销售。

(2)在传统定价策略的基础上采用的根据市场需求及产品价值定价法,难以量化,故为防止个人定价产生的偏差和随意性,应制定相对统一的标准,以指导图书价格的浮动。

通过本文的论述可知,在市场经济的竞争形势下,机械地沿用传统的以图书生产成本为核算基础的定价理论已不能满足市场竞争的需要。我们须审时度势,充分考虑市场因素,运用科学的定价方法和灵活的定价策略,在图书出版竞争中打好价格战。

加强书稿初审工作
提高图书出版质量

郭思涛

一、绪　论

书稿审读，从大的方面讲，可以决定作品的命运和出版社的成败；从小的方面讲，可以提高图书的出版质量，体现并考验着书稿审读者的真实水平。

图书出版三审制是我国规定并坚持的出版社内部审稿制度。1952年，国家出版总署颁布的《关于国营出版社编辑机构及工作制度的规定》指出："一切采用的书稿应实行编辑初审、编辑室主任复审、总编辑终审和社长批准的审稿制度。"新闻出版署在1997年发布的《图书质量保障体系》中，进一步指出："稿件交来后，要切实做好初审、复审和终审工作。三个环节缺一不可"。新闻出版总署2008年5月1日起施行的《图书出版管理规定》再次强调："图书稿件"实行"三审责任制度"。

我社与其他出版社一样，始终坚持贯彻执行三审制，这对加强编辑工作的考核，提高编辑的工作能力，促进我社图书的出版质量都起到了重要作用。但是，近几年来，随着我社出版规模的不断扩大，出书品种的不断增多，编辑工作量的不断增加，考核重点不断向经济效益方面的侧重，在实际编辑工作中，忽视或弱化书稿初审的问题日益严重。

曾经有过这么一部稿件，是一本学校老师的自投稿。这位老师和我社关系较密切，以前也参加过教材的编写工作，本次投稿作为其本校使用教材，一年用量在500册左右。稿件经过初审、编辑加工、复审和终审，走过了正规的编辑工作程序，并且限于合同签署的出版时间要求，在发稿的同时，已经在排版公司排好版面。就是这样的一部稿件，在总编辑签字时，发现稿件里边大量引用的数据资料只截止到2002年。如果这样的书稿出版，内容将是陈旧过时的，使用价值会大打折扣，会对我社的声誉造成影响，并且作为教材，学校还保证要使用3年，又将会误导不少学生。虽然该稿最后做了退稿处理，但从中可以看出，我们的三审制至少在某些方面还存在漏洞。所以，加强三审制，尤其是加强书稿的初审，还需要引起我们的足够重视，并要求我们从事编辑工作的同志，在实际工作中确实要身体力行。

二、初审的意义及作用

初审是三级审稿制度的根本，可以说初审直接关系到对稿件的取舍。初审工作做得细、做得全，才能为复审、终审顺利、稳妥地进行提供条件。按我社目前的管理要求，一般性稿件，复审、终审可以只审查稿件内容的五分之一而不必对稿件进行全部审核，这样，复审、终审的意见在很大程度上要取决于初审对稿件的判断。因此，初审工作起着重要的作用，具有重要的意义。

按规定，初审应该逐字逐句地认真审读全稿，而现实情况却因为各种原因，初审很难做到对全稿的通读，有些书稿，可能连最基本的初审工作也没有做好。前述所及稿件，就是因为责任编辑为来社刚一年的新编辑，收到稿件后因时间紧急，直接交由文字编辑，而文字编辑接稿后却只管书稿加工，未对书稿做出任何评价，这样，就相当于疏漏了对书稿的初审，从而引起后续问题。如果责任编辑收到稿件后，对书稿进行初审，或者如果责任编辑没时间进行初审，但交待给文字编辑进行初审，这样就不会在所有程序完成后直到总编辑签字时才发现问题。

三、初审的程序及内容

如前所述，初审在三审制中起着关键的作用，必须按初审程序认真进行。但是，在目前的实际工作中，责任编辑往往是策划编辑，而策划编辑的策划任务艰巨，经手的稿件繁多，工作量巨大，如果要求责任编辑对每种经手的稿件都进行全文审读也是不现实的。所以，如果是一般性稿件，并且策划编辑在策划、组稿过程中已经做了较多工作，选定了合适的作

者，也把稿件的选题思想、编写内容、编写形式及编写注意事项向作者交待清楚并贯穿于作者的编写过程中，或者已经审阅了部分稿件，那么，在时间紧急的情况下这样的稿件可以不单独做初审，而直接把初审和编辑加工合二为一进行。反之，如果是比较重要的稿件，或者是作者主动投稿的稿件，作者在编写过程中未与策划编辑进行过交流与沟通，这样的稿件就必须要进行初审。

需要强调的是，责任编辑收到稿件后，即使不对稿件进行初审，也必须对稿件进行"过目"。"过目"的目的是查验稿件是否达到"齐、清、定"的标准，与原来设想的选题思路是否一致，交稿字数是否与列选字数不相上下。如有问题，要立即与作者沟通，并为下一步稿件的加工提供建议。现实生产过程中，往往是收到稿件很长时间后或者编辑加工后发现了问题，此时再找作者退改，不是作者热情已过，就是出版时间不允许，从而造成匆忙出版或者不得不出的局面，对图书的出版质量产生事实上的影响。

初审的主要内容有：第一，书稿的主要内容是否达到约稿时的设想；第二，全书有没有政治问题，思想品位和学术价值如何；第三，全稿的结构体例、文字水平如何，能否达到出版要求；第四，全书有哪些优缺点，与同类著作相比，有哪些创新和提高；第五，对书稿的经济效益和社会效益要做出适当地分析。在此基础上，做出一个综合性的评价，是退稿、退改，还是进行编辑加工。

四、初审的步骤和方法

初审的目的就是要对书稿进行全面、系统地了解，只有仔细阅读完全部书稿，才有发言权，才能对书稿进行恰当地评价。

初审的第一步是前面提及的"过目"，就是对书稿的整体有个大致的了解，对书稿的总体水平是否符合要求做出初步判断，以便确定如何进行下一步工作。

初审的第二步是通读，应逐字逐句地认真审读全稿，有疑问或不清楚的地方，要反复研读，直到弄通弄懂，实在不明白或读不通的地方，要做好记录或标注，以便将来与作者沟通解决。

书稿的审读方法有许多种，不同的书稿又有不同的审读方法，针对我社出版的一般科技类图书，分析、比较和综合是审查书稿的基本方法。

书稿的每一章每一节，都不是孤立的个体，必须把它看做是整个书稿的一部分，编辑要学会辩证地分析方法，审读时要注意各部分之间的关系，把握主题思想的脉络，内容的主次关系，叙述的连贯性。同时要注意作者论述是否充分，论据是否可靠，结论是否正确，意思的阐述是否清楚，体例规格是否统一等等。

比较是审稿的主要方法之一。编辑应是一名杂学家，应对各种知识都要有所了解，只有这样，才能在审稿时把作者的观点同自己潜意识里的知识相比较，如有不妥，就要进行甄别，找出差异，并从差异中发现谬误。

综合思考最能反映编辑工作的特点，也最能体现编辑的真实水平，同一部书稿，不同的编辑所做的评价或处理意见可能会很不相同，这就是每个编辑个体综合能力的不同所造成的结果。因此，只有在分析、比较的基础上进行综合思考，才能对书稿做出恰当的评价。编辑除了对书稿的政治、科学、艺术、逻辑、文字、篇章结构、技术规格等方面的问题进行综合思考外，还要考虑该书的社会因素，如时代潮流、政治形势、出版方针、读者需要、市场变化及社会经济效益等，这是更高水平上的综合思考。

五、小　结

图书是出版社生存的基础，而质量是图书的命脉，只有重视和提高图书出版质量，出版社才有可能“长治久安”。书稿三审制是保证图书出版质量的根本，初审更是首当其冲，因此，每位责任编辑必须本着对人民负责、对出版社负责、对自己负责、对作品负责的态度，加强道德修养，不断学习充实，认真做好自己的本职工作，真正起到对书稿的审稿作用。同时，出版社要加强制度建设，在考核方法上强化编辑的责任心，使三审制尤其是书稿的初审真正起到作用，切实保证图书的出版质量。

浅谈科技类出版社加工编辑如何提高书稿的加工质量

王文华

随着出版业的不断发展，社会分工的细化，越来越多的出版社为了应对竞争日益激烈的图书市场，改变了原来编辑的工作模式，把编辑细分为策划编辑和加工编辑。对于出版社，无论何种情况下，图书质量都是第一位的。质量一旦下降，出版社在读者心中信誉就会大大下降，相应地图书销量也会大大下降。良好的图书质量是图书品种实现效益的保证需要，没有良好的图书质量作保证，出版社也不可能良性发展。加工质量是保证图书质量的一个重要环节，以下笔者结合自己编辑加工科技类书稿的实际经验，谈谈科技类出版社加工编辑如何提高书稿的加工质量。

1. 提高自身的知识、技能和经验

知识，指个人在某一特定领域所拥有的事实型与经验型信息；技能，指结构化地运用知识完成某项具体工作的能力；经验，指由实践得来的知识或技能。

作为专业科技类图书的加工编辑，必须对本专业知识有一定的掌握和了解，这是作为专业科技类图书加工编辑最基本的要求。虽然不一定要求加工编辑在专业知识方面做到“精”，但要做到“博”，对各种知识的掌握既博又专、博中求专、以专促博。而要做到这一点，加工编辑就必须不断地学习。学习贵在持之以恒，不仅要学习本专业的知识，而且还应该学习相关专业的知识，对本专业及其相关专业的研究现状和基本知识有所了解和掌握，并且在平时的编辑加工过程中不断积累知识，不断提高自己的知识水平和技能，不断总结编辑加工经验，为以后提高自己的工作效率和工作质量做铺垫。

2. 严谨的工作态度及平和的心态

图书出版是一项科学文化工作，具有很强的知识性和学术性。它担负着积累和传播科学文化知识、科研成果，提高全民族科学文化素质，促进科技进步、文化繁荣和社会发展的神圣职责。编辑在加工过程中，把好政治关、思想关、科学关、知识关和文字关，是对编辑的基本要求，所以加工编辑一定要有严谨的工作态度，要有一定的责任心。编辑加工书稿时对于稿件中自己把握不了的问题，要记下来，查阅工具书或参考资料，或与作者沟通，不可嫌麻烦，一带而过，也不可自己随意删改。有的编辑时常会对作者的稿件大删大改，笔者认为这是不可取的，因为加工编辑既不是审定者，也不是编写者，加工编辑一定要注意自己的角色，尊重作者的劳动成果。加工编辑在加工书稿过程中总的原则为：①尊重作者，忌强加于人；②改必有据，忌无知妄改；③依据规范，忌滥施刀斧。

作为加工编辑，必须能够静下心来，潜心看稿，所以保持平和的心态很重要。编辑加工是细活，在细节中才能成就完美。加工编辑只有安安静静地坐下来，才能钻到书稿中去，才能做到细致。如果编辑在加工过程中浮躁不安，粗枝大叶，或者一会儿干这，一会儿干那，那么加工书稿时很难做到前后文联系起来看，所看到的只是一个个孤立的字词，很难发现书稿中错误、不妥的地方，更别说判别前后文逻辑关系的正误了。

3. 加工书稿时应注意的几点

(1)对书稿初步的整体认识

对书稿的整体认识和把握是加工编辑从策划编辑手中拿到稿子后要做的第一件事。加工编辑拿到稿子后，不能就拿起笔来，从头开始加工，这样很容易出问题，有时改到后来，会发现前后不一甚至相互矛盾，这样就得返工。所以加工编辑要先从头到尾浏览一遍书稿，从整体上对稿子的内容和质量有一个大概的认识和了解，看看书稿是否缺少内容、图表或公式，图是否清楚，稿件是否达到了齐、清、定等，同时，对整个书稿原有的体例有一个了解，然后对稿件拟定一个总体框架，之后再定一些细节的东西。从大处着眼，小处入手，这样编辑加工起来才能做到心中有数，使整个书稿标准一致，体例和格式统一。

(2)对新规范、标准的关注

专业科技类书稿中引用规范和标准的内容比较多。书稿中经常会有

此类现象:新的规范已经出来了,但是作者的书稿引用的内容还是旧规范的内容,没有跟上新规范的内容,致使书中可能会有很大部分的内容需要变动。如果加工编辑对规范和标准的更新不了解,就很难发现书稿中此类问题,这部分需要更新的内容就没有及时更新,出版后此图书的一些内容就失去原有的意义,并且可能会给参考此书的读者产生误导作用。所以加工编辑要密切注意本专业及相关专业规范、标准有哪些已更新,更新的内容主要是哪些方面,这样加工起稿件来才能游刃有余,提高图书质量。

(3)语言文字的把关

语言文字方面应注意的主要是一些常识性差错、逻辑性差错、语法性差错以及错字、别字等差错。编辑加工不只是修改几个错别字,而且要注意修饰语句。所以加工编辑要把好书稿的语言关,首先就得提高自己的语文水平,在平时的编辑加工过程中,遇到拿不准的字词,不要嫌麻烦,要勤查工具书,勤问资深老编辑,弄懂此字词的用法,这样在以后的加工过程中,碰到类似问题就知道怎么解决了,慢慢地积累多了,在编辑加工过程中,一看到某些字词就知道作者在这里用得是否恰当,这样,加工效率和加工质量将都会有所提高。在业余时间,加工编辑还可看一些文学方面的书,一方面可提高自身的语言运用水平,另一方面可提高自身的文化修养。

(4)注意图、表是否完整、正确

图可以使内容叙述简洁、准确和清晰,图还能起到活跃和美化版面的作用;表的逻辑性和对比性很强,一目了然,因而图和表在科技图书中被广泛采用。专业科技类图书中的图不仅多,而且有些图还经常很复杂。比如桥梁类的书稿,经常会有一些配筋图和构造图,图中的线条和尺寸标注比较多,要在一张小小的图上表示出如此多的线条和尺寸标注,书稿中难免会有差错或漏标的地方,如果加工编辑不仔细,没注意到作者这些疏漏的问题,就会使出版成形的图书造成缺陷。

在专业科技类图书中,表中的数字和公式通常也比较多,所以加工编辑在加工此类书稿时,要特别注意表中数字的小数点位置是否正确,笔者在加工书稿过程中就曾遇到过小数点放错位置的情况,这样数值就会扩大或缩小几倍。另外在表中经常会遇到一些用字母表示的式子,或包含字母的说明文字,这时加工编辑就要注意此字母在表下注中是否有解释说明,如无,则须添加注解,说明该字母的含义,这样便于读者理解。

对于专业科技类书稿中的图、表,另外一个注意的地方是图、表的内容与图名、表名及说明文字是否相对应。笔者在加工书稿时,也常遇到图或表的内容与图名或表名不相对应的情况,发生"张冠李戴"的现象。

(5)正斜体以及上下标的问题

关于书稿中字符正斜体的问题,《物理科学和技术中使用的数学符号》(GB 3102.11—1993)明确规定:变量(例如 x,y 等)、变动附标(例如 $\sum_i x_i$ 中的 i)及函数(例如 f,g 等)用斜体字母表示。点 A、线段 AB 及弧 CD 用斜体字母表示。在特定场合中视为常数的参数(例如 a,b 等)也用斜体字母表示。

科技类书稿中上下标比较多,很多图书的上下标一律用正体,这是不科学的,也是不正确的。上下标的处理应该同正文中的处理一样,正文该用什么体就用什么体。比如"y_{min}"中的"min"如果在正文中不是下标,应该用正体,那么做下标时,也应该用正体;而"$(m_1, m_2, \cdots, m_i, \cdots, m_n)$"中的下标"$i$"和"$n$"表示变动附标,如果在正文中不是下标,应该用斜体,那么做下标时,则也应该用斜体。有些时候,在上标中还有上标,在下标时还有下标,一些书中经常会把上标的上标简化为一层上标,也即没区分上标的上标,而是只有一层上标,同排起来,这样意思就可能引起误解。所以加工编辑碰到此类问题时,就应该多加留意了,把它们区分开来,该是上标就是上标,该是上标的上标,就应是上标的上标。

4. 结语

以上是笔者在加工专业科技类书稿时的一点儿心得,供同行参考。要打造一本质量良好的图书并非易事,不仅需要加工编辑的细致工作,还需要策划编辑、校对人员等付出艰辛的劳动,进行严肃、认真、细致地工作。

责任编辑如何把好图书质量关

李　农

图书质量是出版行业永恒的主题,图书质量包括图书的内在质量和外在质量两个方面。一般来说,责任编辑要参与图书的选题策划、审读、加工、印制、装帧设计等全过程,所以责任编辑是否能把好图书质量关,直接影响到图书的最终出版质量。

一、图书的内在质量

图书的内在质量主要指图书内容的政治质量、学术质量和文字质量等,是图书质量的核心。图书的内在质量取决于作者的政治素质、学术水平、写作能力。责任编辑的作用就是充当第一把关人的角色,首先对书稿内容进行审查,判断其思想性、政治性、科学性、艺术性、实用性和编写特色,然后撰写审读报告,并对书稿进行整理、修改、润色和检查,从而使其能够成为正式出版物。

1. 把好选题策划关

在选题策划阶段,稿件的内容质量是至关重要的。稿件的内容质量在收到稿件之时即已基本确定,如果原稿质量太差,后期的编校、设计和印制质量再好,也于事无补。

稿件质量容易在以下几个方面出现问题:稿件内容包罗万象,字数超过选题要求太多;稿件内容的理论水平过高或过低,名不符实;稿件中有科学性或政治性错误;稿件知识陈旧,内容过时;语言表述差等。对于这些问题,责任编辑应做好以下几方面的工作:

(1)在选题策划阶段对书稿提出总体构想,如准确定位市场和读者对象,对图书的结构体系、内容深度提出具体要求,对书稿体例结构、表现手法、切入的角度、内容的规范和取舍原则等作出明确的规定。

(2)优化编写者队伍,保证图书的潜在质量。责任编辑在组稿阶段必须认真选择有一定学术水平和文字功底的人员作为参编人员,同时把对图书内容的把关责任委托给主编,因为主编通常是某一领域的专家,对所编图书的内容比编辑更熟悉,有责任和能力对编写内容进行把关。

(3)在编写过程中,责任编辑应加强与作者沟通,进行实时监控。责任编辑应把自己的总体构想告诉所有作者,让他们按统一的思路和标准进行写作;及时了解书稿的编写质量和写作进度,对编写过程中出现的问题及时进行处理;认真审读样稿,纠正不符合要求的部分,使所有内容都符合既定的写作体例,避免书稿偏离事先的构想。

(4)强化主编的责任意识。主编的工作态度和能力对原稿质量的好坏起着重要的作用。在编写过程中,责任编辑应把无法控制的质量因素委托给主编来控制,最大限度地优化原稿质量,为图书质量奠定良好的基础。

在选题策划阶段,责任编辑还应注意自身素质的提高、加强信息采集工作。责任编辑如果没有平日广泛细致的信息积累,没有全面扎实的专业功底,将很难对摆在面前的选题做出客观、灵敏和准确的判断。责任编辑如果对专业发展趋势和现状不熟悉,也无从发现市场热点和读者需求,无法与作者有效沟通,也就无法对选题提出建设性的意见。

2. 把好编辑加工关

编辑加工有三个层次:技术性加工;文字性加工;确证性加工。技术性加工包括体例、格式设计与统一,核查字符标准,批注印装要求等;文字性加工主要是对文字不通、句子歧义和标点符号使用不当等的加工;确证性加工是对书稿真实性、科学性的确证。在编辑加工阶段,责任编辑应注意以下几方面的工作:

(1)在保持作者的观点、思路、论据和风格的前提下,对原稿的文字作修改润色,使意思表达准确、文字通俗易懂,符合汉语规范化的要求,其中包括改正错别字和语病等。

(2)无论是政治书籍还是非政治书籍,无论是正文还是辅文,都可能出现政治差错。比较容易出错的是党和国家的方针政策、民族关系、宗教信仰、港澳台问题和对外关系等,对此应特别注意。另外,对外国国名应注意核对。

(3)事实材料的核对订正是编辑加工的一项重要内容。人物、地点、组织机构、历史事件、书刊报纸、时间、数字、计量单位、公式、图表、照片等都属于事实材料,有可疑之处要查证核对。

(4)引文往往是论述的依据或出发点,必须认真核对,看文字是否符合原意,有无断章取义、歪曲原意或张冠李戴。

责任编辑要根据不同图书和不同读者,考虑所加工书稿语言结构和表达方式的深度和广度。一面要改正书稿中语法、修辞、逻辑上的错误,一面要保持作者写作风格,改得恰到好处,做到“锦上添花”,而不是“画蛇添足”。

要做好编辑加工工作,就要求责任编辑具有一定的语言文字功底和规范能力,以及科学严谨的工作态度等。编辑加工过程是精益求精的过程,是需要付出智慧的。而且,在编辑工作中,加工编辑也要有宏观意识和整体把握书稿的能力,也要投入创造性的劳动,只有这样,才能有效提高图书的质量。

二、图书的外在质量

图书的外在质量指图书在排版、校对、装帧设计、印制等方面的质量。在图书的外在质量控制方面,责任编辑虽非主角,却要积极参与,跟踪把关。责任编辑是最了解图书内容、作者意图的人,有了责任编辑的紧密配合,才能保证编后工作的质量。

责任编辑跟踪校对时,一校着重看版面结构是否合理,图位与正文是否对应,排版质量是否符合要求等,凡牵涉版面大动的问题,一定要在一校解决;二校再次检查版式,并尽量把所有排版和改版差错校改过来;三校应通读,并检查二校改版情况。通读是非常重要的环节,一定要一字不漏地读一遍。通读后签付印前,再作一次分类检查:检查扉页、版权页、序言等辅文的内容及排版格式;检查目录的内容及页码与正文的对应;检查注释与正文的对应等等。

判断图书装帧质量的标准,是看它是否符合图书的内容、特色和读者对象的要求。由于责任编辑最了解图书内容,只有责任编辑参与装帧设计,并提出合理建议,才能使设计更加完美。

图书下厂印刷之后,责任编辑还要对印制质量进行检查,确认印制质量合格后方可进行销售。

一项关于图书质量在读者心目中的分量的调查结果显示：有 81.5% 的读者一直在意图书质量问题；13.9% 的读者有时在意图书质量问题；而对图书质量不在意的读者仅占 4.6%。这一调查结果让我们看到了图书质量在超过 95% 的读者眼中的分量。只有拥有足够多的读者，出版机构才能不断发展壮大。在市场经济环境下，出版行业最终的优胜者是在全方位的竞争中产生的，图书质量是非常重要的一个方面。作为图书质量的直接责任人，责任编辑必须深感责任重大，当好图书质量的把关人。

加强协调与管理
提高图书排印装质量

李 斌 张 梅 张 凯

为社会提供质量合格的出版物,是出版社义不容辞的职责,是出版工作者的神圣使命。图书的排印装质量是图书质量的重要方面之一,涉及到出版过程中的多个环节、多个部门和个人。对出版社来讲,要提高图书排印装质量,应该强化两方面的工作:一是明确各环节的工作内容,严格规范按程序完成;二是加强各环节之间的沟通与协调,了解其他环节的工作内容并为之提供方便,不留质量隐患。

涉及图书排印装质量的环节主要包括编辑环节、封面设计环节、版式设计环节、制作输出环节和印制环节。

一、编 辑 环 节

编辑在图书生产过程中的作用犹如"项目经理",不仅要确定各项参数、工艺,还要协调各环节的工作和解决出现的问题。

(1)首先是开本的选定。开本是一个非常重要的生产参数,后续各个环节都要用到。开本的选定一是要依据图书的内容和用途。一般社科文艺类图书的开本选择比较灵活,而科技类、教材类的图书大多选择常用开本。图书中图、表多且大时一般选择大开本,当开本不宜太大时再考虑缩图和改变表格排版方式。二是要依据读者的阅读习惯和使用方便性。三是要考虑工艺的需求。最好选择正常开本,在特定需要时也可选择异型开本,如24K、36K等。但选择异型本、横开本时装订生产工艺难度加大,纸张成本、装订费用也会增加。四是要考虑纸张的规格及特性。随着造纸厂生产技术及设备的提升、纸张规格的选择越来越灵活,但这只是针对总体生产而言。一般情况下还都是生产常规纸，出版社备纸也都备常规纸，当开本选择与纸张规格不符时就造成纸张浪费，成本上升。反过来，当大批的图书或印数非常大的图书选择特定的开本时，则可以依据图书成品尺寸来订购相应规格的纸张，不致造成浪费。在计算图书的成品尺寸时，除了要考虑3mm的出血外，还应考虑规矩线的尺寸、上机印刷时机器咬口尺寸等的影响，避免出现超纸张规格的现象。另外，能用纵向开本的就不要用横向开本，因为纸张具有纵向和横向的特性，尽量保持纸张顺纹开。

关于图书开本的国家标准首次发布于1965年，第一次修订于1987年，第二次修订于1999年，即《图书和杂志开本及其幅面尺寸》(GB/T 788—1999)，其中规定了两个系列，即A系列：A4、A5、A6和B系列：B5、B6、B7。该标准删除了GB/T 788—1987中的非标准开本部分的内容，但在现实使用中，各出版社不同程度地综合使用了两个标准中的开本及幅面尺寸，因此，编辑在选择图书开本时应视各出版社实际情况而定。

(2)其次是承印物的选择。承印物是图文的载体，它是印刷品最终形态的集中表现，所以选择承印物尤为重要。选择承印物时要把成本和要求达到的效果结合起来考虑，并不是价格越贵越好。

书刊承印物常用的种类主要有：①字典纸，有的地方也叫圣经纸，常用定量有40g/m^2、50g/m^2；②书写纸，常用定量有55g/m^2、60g/m^2；③胶版印刷纸，简称胶版纸或双胶纸，常用定量有60g/m^2、70g/m^2、80g/m^2、100g/m^{2}等；④轻型胶版印刷纸，又称轻型纸、轻胶纸、蒙肯纸，颜色以浅米黄色为主，常用定量有60g/m^2、70g/m^2、80g/m^2；⑤铜版纸，重量涂布纸和中量涂布纸的统称，铜版纸分为有光铜版纸和无光铜版纸，常用定量有80g/m^2、90g/m^2、105g/m^2、128g/m^2、157g/m^2、200g/m^2、250g/m^{2}等；⑥轻涂纸，即每面每平方米涂布量在10g以下的轻量涂布纸，轻涂纸全是有光泽的，没有亚光型的轻涂纸，常用定量有80g/m^2、90 g/m^{2}等。

选择承印物一是要选择承印物的种类，对于黑白文字或单色图书来说，一般选用普通胶版纸、书写纸、轻型纸，而对于彩色稿一般以铜版纸为主，但目前高档胶版纸、轻涂纸的使用也越来越多。需要重视的是，选择铜版纸印刷彩色图书时，菲林片(胶片)需要的输出精度一般为175lpi，选择胶版纸印刷彩色图书时，菲林片需要的输出精度一般为1331pi，这也就是不要随意更改承印物种类的原因之一。二是要选择承印物的定量(即克重)，定量的选择主要与图书质量要求和成本相联系，当图书质量要求高时，定量选择大一些；当成本要求严时，定量选择小一些。同时，定量也

是调节图书厚薄的手段之一，当图书页码很多但希望图书薄一些时，可以将定量选择小一些，当图书页码少但希望图书厚一些时，可以将定量选择大一些。三是选择承印物的规格，当图书开本采用常用开本时，开本确定后对应的纸张规格也就确定，不用再选；当图书开本采用特殊开本时，则应按最节省纸张用量的原则选择规格。四是选择承印物时要考虑承印物的印刷适性问题和图书制作工艺情况。如纸张的表面强度、吸墨性、印刷平滑度、尺寸稳定性、光学性等要综合考虑。选择封面承印物时要将美编设计要求、成本、工艺情况统筹考虑进行选择，如印后覆膜、烫金、UV 等生产工艺情况，否则将会影响最后效果和质量。

(3)最后是生产周期、印装工艺等其他问题的确定。一是生产周期：这是个老话题，对普通工期而言这不成问题，对特急图书，编辑应将从收稿之日起至出书之日止的这段时间列出一个生产周期表，确定每个工序的最短时间，如果这个最短时间都保证不了，必将影响图书排印装质量。二是印装工艺：有些印装工艺是由编辑来确定的，如无线胶订还是锁线胶订、覆膜还是不覆膜等，编辑必须与印制人员多沟通、交流，确定一个最佳方案，因为毕竟不是每个编辑都是印装方面的行家。三是发稿程序的规范化问题：主要涉及两个方面。一方面是发稿信息的准确性、完整性，现在大多数出版社实行计算机管理，如果发稿信息不准确不完整，那么后续环节得到的必然是不准确、不完整的信息，甚至张冠李戴，极易发生质量事故。另一方面是发稿信息不可随意改动，比如开本，如果发生变化，那么排版、封面、纸张等都要随之变化，一旦沟通不畅，则会出现封面软片与正文软片不一致等情况，既浪费又耗时。但在实际生产中由于种种原因一些参数又不得不改变，这时就要求编辑熟悉某些参数与哪些环节有关，及时、准确地告之，以免发生混乱。

二、封面设计环节

封面是一本书的第一视点，它的质量好坏在一定程度上直接影响图书的销量。封面在设计时，除了要考虑形式与内容的统一以及如何渲染图书的主题外，还要考虑书脊、图像色彩、排版尺寸等对图书质量的影响。

(1)设计封面时，书脊的厚度尽量不要固定，即不要用线条或颜色将书脊固定下来，最多采取固定一边的方法。原因是如果采用固定书脊，当装订有一点点误差或实际书脊厚度与理论计算书脊厚度有一点点误差时，书脊不是大就是小，歪一点就非常明显，进而影响成书质量。对于精装书的书脊还要考虑到扒圆、压槽、纸板厚度（一般为3mm）、包边对书脊的影响。

估算平装书书脊厚度的公式为：

$$T = N \times D \times G \div 1000$$

式中：T——书脊厚度，mm；

N——书的页数（面数的一半）；

D——纸张的松厚度，cm^3/g；

G——纸张的定量，g/m^2。

纸张的松厚度值与纸张的种类有关，一般来讲，书写纸和胶版纸的松厚度值为1.2cm^3/g，铜版纸的松厚度值为0.8cm^3/g，轻型纸的松厚度值为1.5cm^3/g、1.7cm^3/g、1.8cm^3/g等几种。对不同品牌的纸张而言，铜版纸的松厚度值变化不大，书写纸和胶版纸的松厚度值有一些变化，轻型纸的松厚度值变化最大。

(2)封面的主标题要想制作出阴影、立体等效果，应该尽量在Photoshop中制作。如果标题是反白字，字号制作时要适当大些，笔划要宽些，否则字号过小，笔划过细，印刷时容易出现糊死或漏白现象。如果封面采用大面积着色时，尽量不要用几个大网点色同时迭加，否则易导致印刷出现墨杠、蹭脏现象。

(3)封面设计时尽量少采用专金、专银等颜色作为封面用色，因为此类含金属油漆不易干，在覆膜时覆不牢，很容易脱落。如果必须采用专金、专银色，覆膜厂现在也能解决覆膜易脱落的问题，就是将普通覆膜用的水胶换成油胶即可，只是增加许多麻烦，要重新清洗机器，另外油胶比水胶要贵很多，增加了成本。

(4)对于要UV的封面，在设计时建议将要UV的文字和线条设计成大于4号字体，因为UV是一种丝网印刷工艺，目前大多属半自动化生产工艺，加之受印刷和覆膜的影响，如果文字太小、线条太细，则精度很难达到，效果不佳。色块图形、大标题做UV时效果最佳。

(5)对于有机凸和压纹工艺的封面，在选择承印物时定量应在200g及以上，因为这两种工艺靠压力完成，如果定量太小则会出现卷边和断裂等现象。另外，采用压纹工艺的封面都要求覆膜，否则图书在使用过程中特别容易脏。

(6)封面排版时也有很多需要注意的地方：封面的副标题、出版社名、编著者名等附属文字应尽量在排版软件中制作，保证他们的输出性质为矢量文字,同时尽量以黑色压印的形式进行输出。书脊字应注意要适当小于书脊厚度,丛书套书的书脊字在排列上应保持一致,同一色系的套书的色值也要一致。如果是精装书,封面的标题在排版时如果要居中,就要考虑到扒圆、压槽等影响,否则装订成书后就会出现不居中的现象。封一、封二、封三、封四上的文字或图标位置离切口边缘要适当远些,至少距离切口 5mm,要防止由于各种误差导致成品裁切时把内容部分裁切掉。

三、版式设计环节

版式设计是在一定的开本上,将有限的视觉元素进行合理的排列组合,将理性思维个性化地表现出来,是一种具有个人风格的艺术特色的视觉传达方式。它在传达信息的同时,也产生感观上的美感。具体包括:版心的确定、用字的选择、文字间的结构与层次处理、插图和表格的编排等。

(1)版心的确定。版心的大小可根据书籍的类型定,比如:画册、影集为了扩大图画的效果,宜采用大版心,甚至做出血处理;字典、辞典或资料参考类的书,因仅供查阅用,加上字数和图例多,追求大信息量,故扩大版心,缩小边口;相反诗歌类的图书则应取大边口小版心为佳;图文并茂的书,图可根据需要,安排大于文字部分,甚至可以跨页排列和出血处理,可使展开的两面取得呼应和均衡,让版面更加生动活泼,给人的视深线带来舒展感。另外,对版心的确定,还要考虑装订方式,锁线订、骑马订与胶订的书,其订口的宽窄也应有所区别,不能同样对待。比如一些图书是将英文图书翻译成中文图书,为了模仿英文图书的排版或出于其他考虑,将单双码的版心都设计得靠近订口,以达到展开的图书左右版心向心集中、联为一体的版面效果,但国内的一般非精装书籍,大多采用胶背装订的装订方式,胶订需要占用订口边较多的尺寸,并且成品图书不能完全摊开,这样,成书后的正文文字区往往过于靠近订口,位于订口中缝两侧的书页弧面区使阅读感到不舒适和不方便,也达不到美观的视觉效果。

(2)在用字的选择上应遵守以下原则:①标题的字句应简明、层次分明、美观醒目;②大小标题的层次应根据正文内容的逻辑结构采用不同的字体、字号来加以区别,使全书章节分明、层次清楚,便于阅读;③标题的字体应与正文的字体有所区别,既美观醒目又要与正文字体协调,标题字和正文字如为同一字体,标题的字号应大于正文;④ 标题的字号要根据图书开本的大小来选用。一般说来,开本越大,字号也应越大;⑤所有标题都必须是正文行的倍数;⑥如果稿件内容中既有中文又有数字或英文,应尽量使用看起来协调的字体,比如:中文字体用“彩云”,那么在同行的英文或数字应选用“空圆”字体,中文字体用“黑体”,英文或数字应采用“黑正”等字体;⑦版面中大段大段的文字尽量不采用楷体,因为过多的楷体字容易让眼睛产生疲劳感,不利于阅读。

(3)书眉的编排具有检索篇章的功能,但在大量的现代版式设计中,对书眉的设计更多的强调了它的装饰性,但过度的装点,反而干扰了阅读的舒适性,破坏了安静的阅读氛围,所以,掌握设计的分寸和适度是十分重要的。应该明白,空白对于图书阅读和版面张弛的重要,设计并不意味着设计元素的添加,保持版面的空白空间,也是一种设计。另外,对装订裁切的估计不足也容易造成问题,如一些设计中,为了更多地利用切口边,安排插图和装饰性图元,将版心设置得过宽,结果造成装订裁切时“左右为难”的局面,外边口裁多了,插图的完整性受到影响,内边口裁多了,正文文字过于靠近订口中缝。再比如,一些图元位于切口边缘,需要出血,但出血不足或未有出血或书眉、页码等辅助性文字设计得离上、下边口和外边口太近,裁切后版面既不规范也不美观。

(4)加强黑白灰的对比是近些年来版面设计的特点,但许多的设计方案显然缺乏后续工艺的支持,不仅达不到预期的效果,反而适得其反。如装饰性图元中的灰网在挂网时最好不低于15%的灰,否则不利于晒版。再比如,有些设计方案使用大面积的黑,以营造强烈的视觉冲击,这种设计对纸张材料提出了较高要求,质量一般的胶版纸在印刷过程中容易产生大量粉末,后果是黑底上会有数量众多的白点、灰点,反而造成不良的观感。因此,不能得到后期工艺配合的图书,就不要进行复杂的版式设计,以免事与愿违。

(5)对于图书中存在的一些超大版心的图片和表格来说,可以将图片或表格设计成卧排或合和版的形式(合和版在运用时一定要从双页码跨到单页码),尽量不设计成插页的形式,那样不仅增加图书装订的难度,也会造成图书成本的增加;对图书中的一些项目过少的表格可采取“一宅分两院”的形式设计。

四、制作输出环节

制作输出环节包括文字录入、图像输入、图文组版、输出胶片等工艺

流程。它是图书生产过程中的重要的组成部分,在这个过程中需要我们注意以下一些问题,有利于缩短出书周期和提高图书质量。

(1)确认作者提供的电子文档和纸质的原稿是否一致。在实际工作中,经常遇到电子文档与纸质书稿不一致的问题,不仅影响出书周期,还给后面的校对工作带来很大的麻烦。

(2)确定排版软件。计算机排版系统和多种图文混排软件的运用,为版式设计的实现提供了技术基础。常用的排版软件有两种:一种是批处理式软件,这类软件采用输入注解命令符的方式进行排版,屏幕上不能预见最终版面效果,软件自身也有一些功能局限,束缚了版式设计的自由度;另一种是"所见即所得"的交互式软件,它们更直观方便,功能较为全面。不同软件有不同的优劣点,应根据稿件情况和版式设计的要求选择合适的排版软件。比如,科技类的图书包含有大量的公式和图表,就比较适合用批处理式软件,内容的增加和删减不会对排版造成很大的麻烦;画册、社科类的图书则比较适合用交互式软件,能使设计思维得到充分的释放和展现。

(3)对图片的处理。在实际工作中,作者提供的图片大部分来自Word、Excel、Powerpoint 等软件,在处理这些图片时,如果将这些图片直接粘贴到排版文件中,那么排版文件中只包含一个 Windows Megafile (WMF)格式的文件,经过 RIP 解释后,图片不是分辨率不对,就是色彩不对。正确的做法是:把图片从 Word 等软件中拷贝粘贴至 CorelDRAW、Illustrator等图形软件中,导出所需分辨率的 TIFF 格式文件,然后再置入到排版软件中(前提是 Word 软件中的图片具有足够的分辨率)。图像的分辨率为了保险起见,通常采用印刷挂网线数的 2 倍作为图像的分辨率。如果图像分辨率再高,对提高图像质量已没有帮助(线条图除外),反而会增大图像文件容量,增加处理时间,也对输出速度造成较大影响。因此,一般情况下精美的彩色图片需要 300 ~ 350dpi 的图像分辨率,宣传品、画报用 300dpi 已足够,黑白线条图一般用 600dpi 的分辨率。

在绘图工作中,制图人员会在图像处理软件中加排文字,使文字与图像成为一个整体,对于较大的标题和需要特殊效果的文字影响不大,但对于较小的图中文字来说,点阵图像输出时会挂网,对黑色文字也不会自动压印,会造成文字边缘模糊、套印不准时会露白边。因此,图中的文字部分一定要做成"单黑"的形式。对灰度图而言,文字部分一定要调成100%的黑,否则文字发虚。对于需要扫描的图像来说,彩色图片用 RGB

方式扫描后现转成 CMYK 方式比较好,因为处理时间比较快,而且有较大的色域,修正的色彩空间较大,不易造成色偏,再就是数据量较小,便于存储和调用;如果彩色图片最后用黑白图像,应先按彩色扫描后再转成灰度图,这样做是因为采用彩色扫描,色彩信息量大,色彩饱和,层次丰富,而直接用灰度扫描,色彩层次丢失较多。

(4)拼版问题。通常彩色图书输出时都需要拼版,如果书中有出血的设计,要在规矩线上加上 3mm 的距离;如果遇到书非常厚的情况下,则需要在规矩线上加上 1~2mm。除了规矩线的一些注意事项外,还要注意拼版的顺序和方向,折叠方式要符合装订厂折页机的要求。最好先用打印机打出一张小样,折成一本书来检查。

(5)胶片输出的基本要求。①胶片的实地密度标准应达到4.2 左右,实地密度不能太低,否则印版上的小细点容易被晒掉,印出的产品高光层次受到损失;实地密度也不能太高,太高导致书中的图像太黑。②片基的质量标准要求其灰雾密度小于0.04,要达到透亮清通。③网目角度的选择一般情况下采用常规角度为佳,即 C 版 15°,M 版 45°,Y 版 0°,K 版 75°,也可以是 C 版 75°,K 版 15°。④输出胶片时选择网屏线数的原则有两条:一是根据观赏距离来定,近距离观赏的线数高,远距离观赏的采用细网线反而不如粗网线的效果好;二是根据印版、印刷机、纸张、油墨及其他印刷条件确定网屏线数。纸张表面粗糙或油墨质量不好,一般不适合选用细网线。通常情况下,一般插图:100~120 线;画册:120~150 线;精细图片:150~200 线。

五、印制环节

如果说印务部门是图书出版整个生产过程中的结点的话,那么印制环节又是印务部门生产中的结点,所以印制工作的成功与否将直接影响到一本图书的出版质量。印制工作既是一项专业性很强的业务工作,又是一项重要的经营管理工作,要做好这项工作,并不是轻而易举的,其重要性和专业性不可低估。

(1)首先是印制人员在思想上要高度重视,其他各个环节要给予密切配合。印制质量是图书质量的一部分,印制质量不合格,图书质量就无法合格。因此,印制人员不能存有侥幸心理,更不能将质量责任完全推给承印方了事。实际上,即便印制质量责任在承印方,他们赔偿了经济损

失，但出版社却因此损失信誉、时间。印制工作的最高境界是把图书制作成精品，每个品种都要达到合格，而不是图书质量发生问题后急于分清责任，以为只要责任不在己方，自己工作就没有问题。同时，印制环节的一些规章制度单纯靠印制环节有时无法落实，需要其他环节给予密切配合。在日常工作中要严格按出版社内部规章制度办事，各环节都不能靠经验办事，办事不能随意！所有涉及图书印制的工作环节都照章办事，图书印制质量就有了可靠保证。

（2）其次是加强对印装厂的管理，熟悉各印装厂的现状，追踪印刷行业的发展动向。为保证图书印制质量，对印装厂的管理要予以高度重视，印制人员应对各印装厂的机器设备数量与性能、工艺技术水平和印制生产能力都要非常熟悉。实际上，出版社根据不同需要，对不同的图书，从材料选择到印装工艺上都会有不同的要求。如对一些重点图书，用料好，档次高，则会选择印刷设备好，质量管理严且有一定规模的印装厂；而对一些普通类图书，从降低成本角度出发，也会选择中小企业。但无论印装厂规模大小，对其印刷、装帧质量的要求是一致的，都是严格以《中华人民共和国产品质量法》、《书刊印刷产品质量监督管理暂行办法》为标准对其进行全方位的考核管理，以确认其是否有能力保证所交付的成品是合格的。同时，印制人员应追踪印刷行业的发展动向，及时将一些新技术、新工艺纳入到采用范围中来。如 CTP 技术，目前 CTP 机数量增多，稳定性增强，价格有所下降，对于一些加印无望的彩色图书，建议不用出片，直接采用 CTP 印刷，既能保证印刷质量，又经济、快捷。

（3）第三是切实做好印前把关工作。印前把关工作非常细致、全面，涉及到图书印制的方方面面。一是严格审核《印制合同》、《委印书》等文件，做到内容全面、准确无误。二是对封面胶片与正文胶片进行检查，检查书名、书号、作者、定价等内容是否一致；检查胶片是否干净、密度是否达到要求、是否有缺损现象等；检查彩印部分是否有传统打样，传统打样是否符合要求等；检查封面胶片开本与正文胶片开本是否一致，是否与编辑要求的开本一致；检查封面的设计是否与装帧工艺相一致；检查版式设计是否与印装工艺相一致；检查胶片的输出精度是否与承印物相一致等等。三是选定印装工艺，先初步确定正文的页码数后，根据选定的开本情况，计算出初步的印张数，一旦出现单数页或余下 2 个页码时，就应该进行调整（单张图除外，部分环衬除外，插页除外），以便从工艺上、成本控制上取得较好的效果，简单地说，只要页码数为 4 的整数倍即可。要注意不要把页码数和页数、张数和面数的概念混淆，以免在计算印张数时出错，一旦印张数出错，生产环节上很多工序都得重新做。四是确定装订方式，装订方式一般有骑马订、锁线胶订、无线胶订等常见的装订方式。骑马订又称骑缝订，适用于薄纸、页码较少的书刊；锁线胶订的书比较牢固，阅读时翻页方便，摊得开，放得平，一般用于较厚书籍或精装书籍；胶订又称无线胶订，适用于厚本书，也广泛用于软皮抄本。另外还有环装、线装等一些特殊的装订方式。五是在印前把关过程中，如发现不合理情况，应及时、主动地与上游相关环节进行沟通协调。如用铜版纸做带勒口的封面不覆膜是不合理的，原因是铜版纸耐折度差，如果不履膜则勒口时容易折断。又如高克重纸厚书不锁线是不合理的，原因是胶订不牢，容易散页。再比如有单张纸插页的书锁线是不合理的，原因是单张纸锁线时容易缺口，锁不住，至少做成一折页再锁线。六是将编辑等其他环节的特殊要求一定要在委印前向承印单位交待清楚。做好事先安排，减少事后补救。

(4)第四是做好印中监控和印后检查工作。加强印中监控，可以有效减少印制质量事故的发生。图书印制过程中，要求印制人员加强与印刷厂之间的联系，及时掌握印制进度，在可能发生问题的环节上，要与印刷厂及时沟通，尽可能地避免出现印制质量问题。图书印刷完毕后要及时检查样书，编辑、印制人员、质检人员以及美术编辑等应从不同的角度对成品图书进行入库前的最后检查。图书入库后，还要根据图书类别按一定比例抽查，防止出现样书检查合格，大批入库图书不合格的情况。

综而述之，提高图书排印装质量是一项系统工程，不仅要求各个环节做好“份”内工作，还要加强各个环节之间的协调与配合。对整个生产链条中各节点的质量控制要想完全弄懂、弄精并不容易，许多“细节”都是在实际生产中总结出来的，也肯定还有其他未知的“细节”在等着我们，只有不断地学习、总结、改进，才能不断地提高，图书排印装质量才能更好。

当前教材开发中若干问题的分析与对策

陈志敏

一、高职教改形势分析与教材开发策略

当前高职教育随着各级示范校建设的蓬勃开展,高职各类重点建设专业教改非常活跃,本轮教改将直接影响未来高职教育的走向和教材市场的变化,那么如何看待教改?教改会对教材出版产生什么样的影响?我们该如何应对?等等,给出版社提出了若干需要破解的难题,同时也需要我们解答这些问题并作出决策。

此前经过近一年的调研和跟踪,并参与运作了几个专业教改教材的合作和开发,经过分析,我们对此有一些阶段性的认识和判断,在此简述,供大家参考。

对于本轮教改,从宏观层面上我们认为应该理性看待。从出版社的角度看,目前教改有两个主体:教育主管部门和高职院校。教育部动用巨额资金主导、资助教改,用意显然是期望本次教改获得成功,但其自身的弱点和不足是本轮教改能否成功的一个障碍。很明显,教改的成功并不仅仅取决于政府的意志,教改的另一主体——院校,以及我们的国情更为重要。比如,目前的教改模式能否长期持续,教改思路是否适合各类院校及不同专业的实际情况,教改成果能否被其他院校所复制和接受,等等。根据实际调研情况,我们认为,本次教改相信会对高职教育起到一定的积极作用,但其能否如当前所愿的成功,却未必,存在较大的不可预测性。因此我们要理性看待教改,不能盲目跟进,既要看到其积极作用,又要避免风险,这需要我们作出准确判断和理性应对。

根据调研,目前教改的思路和模式,以德国为主,如“以工作过程为导向”“项目教学法”“做中学”,等等。这些思路和模式都非常好,但由于其占用教学资源太多而不符合中国国情。专家认为,该教改思路更适合资源充沛的院校及制造类专业,而不适合于土建类专业。专家认为,对于土建类专业,我们需要做的是从先前的三阶段教学模式向双元制体系改进,包括整合理论课程体系、建设完善的实践教学体系。因此我们对此的策略应该是:关注教改,不硬做,以基于传统教材的改进为主,在教材开发维护中渗透成熟的教改思想。

本轮教改政府投入较大,期望改革高职教育,而我国高职教育确实也需要改革,其意图肯定是好的。我们亦认为改革可能达不到教育部期望的结果,但会有促进作用,如理论体系的整合、某些适合按工作过程导向的课程的改革、实训课程体系的加强,等等。这些积极因素,我们要加以关注、利用和吸收。因此对于本轮教改,我们要跟踪教改进程,关注最新态势,了解最新思路,不急不躁,有所跟进,吸收有益的教改成果,及时革新教材。

那么目前的教改教材,我们要不要做呢?答案是肯定的,但需要院校的补贴,需要社里的支持,以规避风险。

那么我们能否不做呢?答案是否定的。因为教改是当前教育领域最火热的一件事情,无论成败大家都在关注。参与本次教改教材出版,我们认为有如下益处:

(1)教改有成功的可能和积极因素,有促进作用,因此我们要及时跟进,尽管我们不能判断这是否是最好的机会,但我们不能失去这次机会。

(2)参与教改会为我们提供借力的机会,让我们有机会渗透到新领域,占有相应的教育资源,带动选题开发和资源积累。

(3)利用教改的机会,占领制高点,吸引眼球,提升我社品牌。

以上是我们对于本轮高职教改的基本认识和一些应对原则,当然,不同类型的专业要区别对待,教材开发依然要满足其自身的规律和要求,在此不再赘述。

二、土建类本科教材开发的形势与对策

在高等教育改革之前,专业划分非常细致,行业条块非常分明,其教材建设也同样如此,各专业出版社分别进行本行业及所属院校的教材建

设,市场基本没有冲突,同时也出版了一些高水平的教材并一直沿用至今。高等教育改革迄今已逾10年,这其间专业合并、院校合并、院校脱离行业管属、扩招、学生培养面向更广泛的就业需求,高等教育发展迅速,专业教育变化很大,因此相应的教材需求与建设也异常活跃,教材出版市场化迅速。近年来各大出版社出版了一大批土建类专业教材,教材种类非常丰富,极大的满足了各院校的各类需求,其中也涌现出一批适应教育教学改革需要的优秀教材,但也存在大量教材低水平重复建设、质量不高、教材建设功利化、创新性不够等一些问题,目前堪称经典的教材也不多。

1. 产生低水平教材的原因

惯常的教材开发模式是由出版社组织若干院校,合编共用,以同时满足院校需要和出版社的市场要求,因此大批出版社涉足高等教材出版,几乎所有的本科院校都参与过教材开发。教材种类繁多,这些教材在满足各院校各类需求的前提下,也表现出上面提到的问题,这些问题在该模式下无法得到很好的解决。通过问卷调查和院校调研,我们发现,在这种教材开发模式下,引起上述问题、出现大量低水平教材的部分原因在于:

(1)出版社低水平竞争激烈,大干快上,以圈地为主,能用就出,忽视了品质和创新,从而造成了上述问题的出现;

(2)一些水平不高的院校和教师出于功利性目的参加各种教材编写组织,导致低质量教材的出现;

(3)合编共用模式本身就存在一些弱点,如参与院校庞杂、院校培养特色不一致、参编教师理念与水平的差异,导致教材编写中需要精细化管理、包容和妥协,但做到这一点很难。因此此类教材体现特色和创新不足,品质不高,很难出精品,并最终导致生命力有限。目前很多经典教材都是由业内名师或名校团队编写而成,也反证了这一点。

(4)低层次的合编共用是以市场为主导的,这种市场是有赖于“关系型”合作模式的,但这种功利性比较强的合作模式会导致一些问题,如依赖教材主编的教材选用导致教材使用稳定性不够,教材选用未以学生为中心,教材长期成长的风险较大等等。

2. 土建类本科教材的发展趋势

2008年下半年我们进行了土建类本科教材调研,调研中我们发现:

(1)新专业培养指导方案(2008版)中规定学时进一步压缩,专业教育进一步向少学时发展，学时减少对教材提出了新的要求。

(2)大量一般院校经过近10年的发展，趋于成熟，对教材编写出版有了更理性的认识，教材编写的功利性趋弱。同时教材的选用更加合理，相当多的院校已经主张选用精品教材、国家规划教材及高品质适用教材，自编教材未必能够使用。同时很多院校认为有些课程教材比较成熟，如力学及专业基础课教材；有些课程优秀教材不足或缺乏，如施工类教材，不能满足目前的教学变化情况；同时一些特色课程教材缺乏。

(3)很多院校对教材提出了更高的要求，要求配套丰富的教学资源，包括网络教材，这对教材开发提出了更高的要求。

3. 我们的应对措施

综合考虑我社现状和当前本科教材开发环境，在本科教材开发中，我们认为应采取如下策略：

(1)高起点，以开发精品教材为核心，做优秀教材和精品教材。

(2)传统的组织模式已不适用于现状，我们应该探索新的教材开发模式，目前我们认为应该以某课程领域最优秀的院校和教师为主，依托其团队编写教材，确保高品质教材，进行单个教材点式开发，最后形成一个教材体系。

(3)确保教材开发的高水准，包括深入的市场调研和教材研究、准确定位和规划、体现编写创新、学术服务提供、配套资源和教学支持体系完备，等等。

(4)转变教材开发思路，接受投资理念，为教师提供最大的资金支持，打造精品教材，同时依靠有效的市场推广，促使教材被选用。

(5)开发各具特色的特色教材。

三、关于研究型和应用型教育(教材)的理解

此前一段时间，本科高等教育出现了“研究型、学术型”和“应用型、就业型”的定位和分类，相应的在教材开发中出现了“研究型教材”和“应用型教材”的提法。

其实完全把学生培养进行“研究型”“应用型”的界限分明的区分是不可能的，也没有必要，事实上这更是基于学校综合实力的一种区分和学生就业从事实践还是研究工作的区分，而后者也无法作出明确割裂。研

究型大学在中国数量有限,其学生培养可以看做是研究型教育,或者以研究生教育为主,本科生也更多的会进入研究发展的轨道。而以下更多的院校则是一般院校,对于研究能力和实践能力,或是兼备但有所侧重,或是完全以技术性一般教育为主。研究能力和实践能力是学生都应该具备的素养,也不能说完全以哪方面为主。“研究”和“应用”这两个词汇又怎么能把本科生驾驭的问题分清楚呢,二者之间又怎么可以完全割裂呢。

过去,我国的高等教育普遍偏向于“学术型”教育,人才培养目标上重视理论型人才,轻视实践技能人才培养;教学内容上重视理论教条,轻视实践经验;教学方式上强调课堂讲座,相对忽视实际操作能力;科学研究上重视理论研究,忽视应用技术研究,相对造成了我国“学术型”人才过剩,而实践应用型人才不足的局面。高级技术型和实践应用型人才的严重匮乏已然成为了制约我国经济继续健康发展的瓶颈问题,也使得我国传统的“学术型”普通高等学校本科毕业生在就业市场面前面临严峻考验。这可能也是出现上述定位和分类的缘由。

那么作为教材出版机构,我们如何理解“研究型”和“应用型”并进行应对呢?

我们认为,在教材开发中,过分强调形式上的“研究型教材”和“应用型教材”的区分,是没有必要的。“应用型教材”是我们为把教材开发的概念讲清楚所借助的词汇,这只是我们开发本科教材时的一个导向,即我们要注重开发适合大多数一般院校需要的高品质教材,并在教材编写中贯彻新的要求。调查表明,目前各土建类院校选择教材的标准大多是“精品教材”“适用”“好用”,对形式的强调非常微弱。

对于“研究型教材”和“应用型教材”,我们也做了分析和理解。

对于“研究型”教材,除一定深度和宽度的基本理论外,应①充分介绍学科前沿,培养研究观;②贯彻多学科性,增加多学科应用范例,融会贯通多学科问题;③注重与国际接轨;④设计研究性思考题,挑战学生研究能力;⑤增加教材趣味性,如名人轶事、趣味教学等等。

“应用型大学”应该有一个定位:非研究性大学和研究性培养模式,以教学为主,学生素养和层次一般,培养技术性人才,毕业后大部分学生从事实践性工作。那么对于“应用型本科教材”,我们认为目前的教材仍然存在不足,有开发空间,如

(1)现有教材编写依然遵循传统教材的编写理念,或没有大的突破,不能适合现在的教育需要;过于强调系统性、完整性,注重理论知识和一

定的深度,或者偏重实用性知识的叙述,拖沓冗长介绍规范、实例等等,而不是在注重基本功底的传授的基础上解决基本问题能力和方法的培养。我认为教学方法和编写理念没有适应培养方式的变化,需要创新性变化,需要精心雕琢。

(2)应用型人才培养和应用型知识传授是两个概念,培养是应用型能力的提高,适应就业后的工作,如只是泛泛而谈实用性知识,还不如发一本手册给学生。

(3)应用型是相对研究型而言的,后者重视理论教育、学术研究,前者注重解决实际工程问题的动手能力,以技术教育为主,理论深度不必强求,因此在教材编写模式上应有较大的差别。应用型,注重基本知识的传授,加强工程案例教学,注重工程问题探讨,应是一个重要原则。

(4)应用型教材不能粗制滥造,需要精品,需要高品质,需要创新,使其更适合教学需要,需要特色,有别于传统教材和研究型教材。

(5)书要变薄,精要、精炼、不拖沓,用最小的篇幅将知识说清楚,更体现作者的功力,但不等于删减学习内容,要处理好“少学时”“高水平”的矛盾。

由此可见,一般性本科教材的开发,应该遵循这些特点和规律,编写适用的高质量精品教材,这应该是我们坚定不移把握的。

四、关于网络教材

当前,网络已经成为人们生活、学习、工作的重要组成部分。伴随着网络成为传播信息的主要方式之一,人们学习知识的方式开始多样化。网络教材正是在这样的教育方式变革的背景下产生的,但是,因为产生时间短,各方对网络教材的认识和理解不一,都还处在探索的阶段。

如果按照传播介质和表现形式的区别,我们可以把教材分为传统教材和网络教材。

目前我国高等学校教材出版存在四个方面的不足:第一,教材的规划和内容编写只是从学科建设的角度出发,因此教材内容与实践之间有很大的距离,每个学科都存在着知识结构与实际需要的错位;第二,教材编写者大多为学者或教授,他们对新知识的接受和吸收往往因人而异,因此教材体系往往存在结构上的缺失;第三,由于教材的出版研发主要由出版单位来完成,因此一些市场急需的新学科、交叉学科的“短版教材”存在

着使用人数少、市场需求不大等客观情况，存在着出版社跟进慢、出版不及时等缺陷；第四，现有教材版式、装帧及语言风格等多年不变，忽视当代青年的接受心理和阅读习惯，高校教材与使用者之间存在着人为造成的心理隔阂。

网络教育的特点是对知识的表现可以集文字、声音、图形和图像一体化，化远为近、化静为动、化无形为有形，增强了学生对知识的理解。通过超链接技术，它可以连接各种学习资源，以开拓学生的视野，为学生的拓展学习创造条件。另外，它的交互特性也使其比基于前两种媒介的学习更方便。

网络教材把传统教材中的内容重新整合，将原先教材中实用的内容进行重新组合，以应用为轴心组织知识点，并且通过案例式、生活化的内容将学生要学习的知识点以比较轻松的方式表现出来。教材内容在传统教材的基础上做减法，删去大量实际工作和生活中不需要的内容。同时，教材的知识不再强调基础与专业的严格区分。传统教材在基础课与专业课之间有严格的界限，专业课与公共课的内容不能有机结合，网络教材则可以根据实际教学需要，更加灵活地组织教学内容。

网络把学生与老师从物理上隔开，在虚拟环境下使用什么样的教材，怎样完成现实环境下的学习的互动？人们显然需要重新思考网络教材特定的形式。目前，对于网络教材的认定，没有一个统一的标准，什么样的网络教材算是标准的网络教材呢？专家认为，网络教材的发展与使用由于参与人员的立场不同，其评鉴内容的规划与制定应以教材内容与教学设计为重点，照顾到各方需要。首先是学习者，对学习者而言，网络教材在学习方式、学习目标、学习内容的呈现与理解、学习互动与学习引导、学习成效等方面应该提供易学易用的内容。其次是教学者，从教学者的立场来说，网络教材的教学设计学习目标、学习内容、学习活动方式、学习导引、学习评鉴等应具有一致性。从发展者的立场来说，网络教材应能提供稳定的系统功能、方便的学习沟通机制、较好的教学媒体质量等。就管理者之观点，网络教材应能提供适切的学习记录与管理功能，并能适时提供学习信息，以获悉整体性或个别学习者之学习进展。

对于网络教材质量的评价，可以从教材内容、学习引导、教学设计及教学媒体四个方面进行质量检查。教材内容是网络学习最重要的基础，网络教材应提供正确的教材内容，并合理地组织和清楚地呈现，使学习者能较好地理解与学习。学习引导是引领学习者进行网络学习活动的关键机制，学习引导包含控制学习进行的机制及对学习内容和效果的追踪等。通过良好的学习引导，学习者可以轻松掌控其个人学习活动的进展。良好的教学设计是网络教材达成预定学习目标的关键。清楚明确的学习目标，适当运用学习策略促进对知识的理解，适当的评价与反馈等，都是网络教材在教学设计上应该要考虑的重点。教学媒体是传递网络学习内容的中介，适合的学习方式设计、有效的教学媒体运用及高质量的教学媒体制作等，对于保持学习者学习的兴趣及掌握学习的进展等，将可达到事半功倍的效果。

网络教材的优势，除了在介质上可以为用户、出版机构乃至整个社会节省不必要的载体和费用，更主要的是可以充分利用动漫等多媒体形式，采用资源库作后台支持，利用语音识别系统提供人机互动服务，还可以逐步添加教学全过程动态的评价功能，最大限度地贯彻课程标准的理念。从而，教师可根据学生的自身条件和基础，以及学生的个体差异，灵活地和有创造性地使用教材，在不影响教材的完整性和系统性情况下，自主地补充或取舍教学内容，分层次教学；学生也可选择自己感兴趣的内容，自主地调整学习进度。

网络教材因为开发的难度和成本巨大，对于出版社来说，往往不堪重负。这种情况下，更应该提前对所开发教材进行认定，而且国家对于这一新兴的教材类别没有明确的认定机制，如何把握好内容的甄别、形式的选择、价格的制定等尺度，非常关键。

作为一个新兴的出版领域，网络教材的出版无论从现有产品数量还是从出版社角度来说，都只能说是处于起步阶段，因此这给进入该领域的出版社提供了一个绝好的机会，需要引起我们的关注。

五、关于教材营销

随着我社教材出版规模的不断增大，已经需要更加系统、强大的营销作为支撑，营销日益重要，其不足更加凸显，其强化势在必行。因此我社教材营销工作需要做“专业化改进”，建立一个高效、专业化、制度化、精细化的教材营销体系，为教材的推广提供强大支撑。关于教材营销的详细介绍，另见“论专业出版中的营销”一文。

浅析图书编辑阶段性工作的角色对应

邵　江

本文以图书出版过程中编辑工作的主要环节和内容为基础，提炼出编辑在各个环节中所担任的工作角色，采用非出版企业对应职业为之命名，借鉴所涉及职业的工作方法和技巧，从工作内容的角度认识编辑这一职业的“专业化”水平的提高。

一、引　言

专业，当这一词作为形容词来使用的时候，往往是在夸奖一个人的做事方法。对于当今市场经济下的编辑这一高度复合型职业来说，在图书出版的整个过程中需要扮演各种角色，它们分属不同的专业。我们是否能够扮演得好，做的够不够专业，决定了最终作为一个编辑来评价时合格与否。这一设想来自于与非出版行业单位打交道时，发现他们的很多岗位分工与我们的阶段性工作相似，唯一不同的是这些岗位由编辑一人担任。随着国有出版机构逐渐向企业化方向迈进，对编辑的工作要求日趋市场化和专业范畴的扩大化已是必然。

一本或一套书的出版过程分为几个阶段，在每个工作阶段都会有不同的主要工作内容，而编辑要根据这些不同的工作内容来调整自己的工作思路和方式，在这一阶段的时空内，我们完成了角色的转换。如今我们已经不应视自己为传统意义上案头编辑的工作，而是要从“阅读内容提供商”的角度上去思考。由此受到启发，体会到我们的职业是若干职业岗位的有机组合。可以设想自己就是这些岗位的从业者，在每一个岗位（即编辑出版过程中的每个环节）上工作时都尽量向专业水准靠拢，整体水平就可以得到一定的提升，对于编辑这一复合型工作有较强的借鉴意义。文中尝试用比照套用的方法，一一阐释我们在各个环节所做的工作在其他类型企业的职位对应，以及笔者的一点心得。

二、解构与分析

以教材出版为例，可以分解为五个环节：①选题策划；②组稿编写；③案头工作；④营销策划和实施；⑤售后服务及市场反馈信息收集。编辑在这五个环节中做着不同的工作，扮演着不同的角色。下文对于角色的名称统一使用某某员，以清晰描述工作内容为目的。

1. 选题策划

该过程涉及的角色主要有两个，市场调研员和产品企划设计员。

在图书的全程策划概念中，市场因素是决定策划案的重要因素之一，它贯穿产品的设计直至第一轮销售完成。毋庸置疑，一个敏感的职业人，对自己的专业，要随时随地都有思考，有思考才能进行有目的的交流，交流目的明确才能得到有效信息。只有对业务的高度敏感才有可能使编辑在交流的过程中，不但会快速得到想要的信息，甚至会得到一些意外收获，产生新的想法。

市场调研员的工作职责是针对项目搜集相关资料，研究提取出有用的信息。在某些大型企业常常将这一岗位分别设岗，即市场调查员和信息分析员。我们面对的信息是庞杂的，甚至是相互矛盾的。在新编辑刚刚开始做市场调查的时候，往往不知道如何下手，一头钻进去之后又觉得杂乱无章。这时候，我们不妨把自己当作一个企业的市场调研员，去看看这样一个角色应该有哪些工作方法，依次套用，找到一些初步的感觉之后，再看看目标，就会觉得有条理了很多。比如二手资料调查法、根据目的设计调查问卷等方法。

所有市场调查的目标不外乎政策动向、消费诉求、市场现状等，对于图书也是如此。这些不但是选题策划的基础，在教材全程策划概念中，这些资料更是营销和销售的保障，只有了解了竞争对手的情况和消费者的需要，才能有的放矢的做营销工作。图书编辑是一个对从业者素质要求复合型较高的职业。这一复合型职业的特点也许造成我们的工作量偏大，但是可以将所拥有的信息最大化利用。对于我们所搜集的信息的熟悉程度,决定了我们对它的思考深度。很多企业要求市场调研员除了常规的工作之外,更要有随时随地、不限方式做调查的精神。对于图书行业更是如此,我们如果能更专业一点,就会发现对于开拓市场有莫大的好处。

在自主开发选题(对应于自投稿)的过程中,编辑的工作与产品企划设计员的工作类似。从民间的点子大王到已经卓有成效的策划大师,他们的工作思路都值得我们参考。从目标客户需求、产品设计、成本估算乃至品牌管理和营销初步规划,都在这一阶段工作的考虑范围之内。最常见的方法是以提出目标客户、确定需求为基本内容,做出一套问题来,根据问题相应的答案来策划产品。如一套教材的策划,可以设定如下问题:我们的目标客户定位在哪一层次的教师和学生?他们的教学习惯是什么?写作模式如何能够对应这种教学习惯?一个最佳的写作模式是否能够清晰地用语言描述并灌输给作者?能够完成这样的任务的作者往往存在于什么地方?我们手头的资源是否有合适的人选?相应是否会比普通图书的成本增加?将来的营销重点是什么?问题是进步的开始,一个完整的策划案本质上就是这些问题的回答。按照这个思路去策划图书,实践证明有不错的效果。

2. 组稿编写

这一工作过程最主要的两个角色是人力资源管理员和谈判公关员。该过程对于编辑而言,主要包括编写人员的确定;稿酬的确定;编写体例的确定;编写启动时间和完成时间的确定;编写协议的签订;编写过程中的跟踪工作。

在我们平时积累的作者资源和人脉关系里,挑选出有热情并且有能力胜任选题编写的人并不是很多,这需要我们对所掌握的作者进行一个基本的判断:他是否能够胜任这样一个选题?即使他在所在领域内是专家,但是否有独到的见解或者能够满足我们对于图书卖点的要求?如果没有考虑周全,有时甚至还会出现这种情况:我们辛辛苦苦做了市场调研,反复论证立了选题,多方搜寻作者组织编写,但由于我们对作者不甚熟悉,个别职业道德较差的作者转过头与其他出版社相熟的编辑以此选题进行合作,将我们置于不利的地位。所以,对于作者的写作意愿、能力及综合素质,必须有一定程度上的把握,这些工作其实就是企业日常人力资源管理工作的一部分。这一环节,我们如果能够遵循规律,采用一些这方面的技巧,可以帮助我们挑选出合适的作者。另外还需要人与人交往的情感积累,编辑和作者之间的关系越融洽,作者和编辑越能理解互相的意图,书稿的质量就会越好。在基本确定人员之后,可以使用一些程序化的问题来询问确定的人员,这些问题宜采用开放式问题,最终形成一种固定模式。它适用于任何选题,只要将内容稍作变换即可。比如对我们所提供的选题的看法,对于同类书的了解,对市场敏感的人可以多问一点对图书销量的预测,对题目敏感的人可以就这个选题在所属领域的研究现状方面多做些交流,笔者的经验是准备 8 个左右的问题就可以了。在和作者正式谈选题的时候,按照这个模式去谈,基本上我们就能了解作者对于这个选题的理解和他所能达到的写作效果,这个模式可以大大的提高效率。

我们常常碰到这样的情况:有能力的作者不一定愿意写,愿意写的人却不一定能够写得好,教材写好出版了主编人员却不能够率先使用,这样的问题层出不穷。我们需要"谈判"! 谈判员这一职业岗位在我国尚不普及,在国外企业中有分门别类的谈判员,主要职能是与客户或合作伙伴进行核心业务交流。笔者以为他们的工作性质和方法对于我们在组稿过程中有较强的借鉴意义。作为编辑而言,在这一环节,我们在前期自己担任"产品企划设计员"所确定的种种想法,要一一的向作者说明、灌输。我们常常遇到的情况是当我们抛出一个大的选题之后,由于作者对该领域非常熟悉,他们常常会涌现出很多的想法,我们一定要认真倾听、充分知晓其想法,利用谈判中常用的一些思路,科学分析出对方的兴趣点在哪里,他为什么愿意和我们合作,我们能够为对方提供什么? 在了解对方的要求之后,我们就可以相对顺利地进行合作:以最有利的方式确定稿酬,确定编写启动时间和完成时间,最终完成图书出版合同的签订。

3. 案头工作

本过程除去文字编辑工作之外,还应有生产管理的工作内容,包括图书的整体设计贯彻、检查图书信息和生产过程的沟通协调等内容,这些工作都是出版社编辑的专有工作过程,不再赘述。

4. 营销策划和实施

需要我们既要充当营销员,又要充当销售员,这当然使得我们作为销售员的角色出现时与一般销售人员还有很大区别。营销核心理念是以顾客需要为目标的服务展示,销售的出发点则往往是产品的优势展现。作为产品策划人员,做营销应该是得心应手的,只要把我们前期的所想用适合的方式表现出来,基本框架就有了。用换位思考的方式把读者的需求展现出来,一定会得到共鸣,利用一切可能的机会进行展示,长期坚持,可能就会收到不错的效果。专业的营销案例往往能给我们这些非营销专业的人更多的提示和帮助。相比之下,销售追求的是短时间的刺激效果,在和某一学校短暂的接触中,集中的展现我们的想法,使其能够下决心采用我们的教材。有了背后策划、营销的支持,这样的销售可能就不那么让人烦了,也是出版业在用户面前做“形象翻身”的时候,千万不要让老师们一听出版社三个字就立刻产生了疲惫感,以致于我们精心准备的大餐却无人欣赏。

5. 售后服务及市场反馈信息收集

这一环节其实仍是营销工作的延续。这里的市场反馈信息收集工作类似于市场调查员的后市场工作,即本企业产品在市场上的信息反馈。美国市场调研公司 CMO Council 的一份报告指出,容易忽略反馈意见的创业型企业,在其创业后的第 5 年开始出现产品问题,造成企业业绩下滑各因素中忽视反馈意见占 21.5%。由此可以看出,给反馈意见反馈是非常重要的事情,比如在我们的高职土建教材的网页上,可以有一个反馈者的板块,上面写着反馈者的单位、姓名和反馈意见以及我们的采用情况,板块的底色用暖色调,可以看出我们对于反馈者的感激之情和知遇之情,这是一件多么有趣和人性化的事情。我相信这一举措有助于提高我们的销售量和品牌知名度。

三、结　语

将编辑工作分解界定为一些相似的职业,可以帮助我们在每一个工作阶段清楚地知道自己在这个阶段的工作本质是什么,从而有目的的向专业人员学习借鉴一些专业的方法,学到一点专业的技巧,最终来带动编辑工作质量整体的飞跃。只要我们牢牢记住一句话,就一定离成功越来越近,它就是:成功只是每一个微不足道成果的化合反应而已。

“学习领域课程”引领下的高等职业教育课改教材开发

韩亚楠　曹延鹏

高等职业教育教材建设是高职院校教育改革的一项重要内容。本文以学习领域课程开发为主线，讨论高等职业教育课改教材开发的方法和模式，提出教材开发过程中的关键问题，并探讨解决方案。

一、“学习领域课程”教材开发的背景

近年来高等职业教育改革如火如荼，要求建立行业、企业、学校共同参与的机制，推行工学结合、校企合作的办学模式。教育改革为实现综合职业能力培养的“一线人才”目标，要求高等职业教育采用“工学结合”的人才培养模式。“学习领域课程”或“项目课程”因能够体现出“工学结合”的本质特征，从而成为了教改过程中较为合适的“内容载体”。“学习领域课程”和“项目课程”并不是简单地将原有学科教学内容进行重新排序和重构，而是围绕职业教育人才培养目标和职业性原则对课程进行结构性改革，并研发适合该课程体系的配套教材。相比较来说，“学习领域课程”以工作过程为导向，按照学习情境安排进程和时间，使学生更容易获得综合职业能力。因此本文以“学习领域课程”为主探讨其教材开发过程。

二、“学习领域课程”教材开发的模式

一直以来，高等职业教育教材建设存在特色不明显、缺少行业专家的帮助与指导、实际操作方面严重滞后等现象。“学习领域课程”教材在开

发方法和编写模式上进行了有益的改进，注意对以下方面调整：突出教材工学结合的特征，以职业工作过程特征为逻辑起点；强调以学生学习为主，有效调动了学生学习的积极性；积极融入“产业、行业、企业、职业和实践”五大要素。具体编写的理念和方法如下。

1.“学习领域课程”教材中的核心理念

“学习领域课程”教材的核心是将理论和实践教学有机融为一体的现代职业教育教材，以典型工作任务和工作过程为教材导向和教材主线，通过典型工作任务、典型学习目标，综合学时要求、教学方法与组织形式说明、学业评价方式等确定教材内容。为了更好地理解教材设计，对教材开发中的两个核心概念进行介绍。

(1)典型工作任务的设计。典型工作任务是由实践专家通过研讨会的方式，整体地分析职业工作后得出的结果。学习领域教材内容模块名称应与典型工作任务的简化名称相一致，并按照下述句法命名：工作对象+动作+补充或扩展(名动结构)。例如，一般的学科化的课程表述为：楼宇电气安装技术基础，而学习领域课程表述为：楼宇电气安装的计划与实施。

(2)学习任务的设计。教材中的“学习任务”是学习领域课程教材开发过程中的关键内容，来源于企业生产或服务实践，并建立起学习和工作的直接联系。学习任务教材设计是典型工作任务和学习目标两个方向逐渐靠近的结果。在典型工作任务的基础上，学习任务的设计有多种方式：①按产品设计：如常规零件数控车削加工；②按岗位设计：如动画设计、广告策划；③按工作对象设计：如汽车加速无力的故障检修；④按操作程序设计：如贸易单证制作；⑤按设备或系统的结构设计：如汽车发动机总成的维修；⑥按典型工作情境设计：涉外商务洽谈及合同订立。

2.“学习领域课程”教材的开发方法

“学习领域课程”教材基本开发方法要通过实践专家研讨会得出典型工作任务，并对典型工作任务进行分析，具体方法见图1。

3.“学习领域课程”教材开发的形式和内容

(1)“学习领域课程”教材开发的形式。“学习领域课程”教材开发的形式特征体现在它比传统教材更加立体化，由主教材开发、教师参考、学

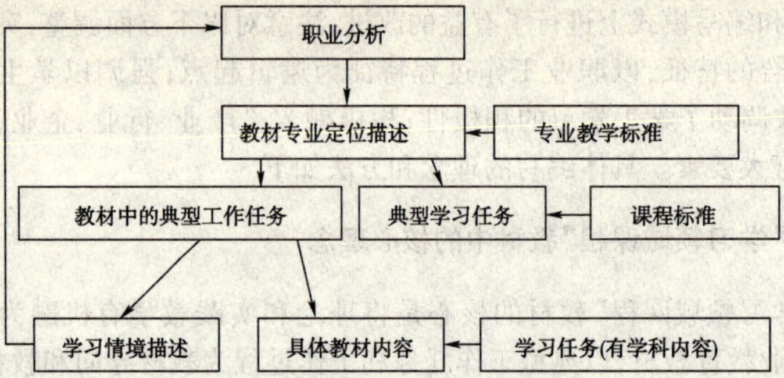

职业分析

教材专业定位描述

专业教学标准

教材中的典型工作任务

典型学习任务

课程标准

学习情境描述

具体教材内容

学习任务(有学科内容)

图1　学习领域课程教材的开发方法

习指导和试题库等部分组成,具体包括教师辅导、电子教案、助教课件、素材库、文字教材、助学课件、网络课程、试题库、工具软件、教学支撑环境等部分有机构成。学习领域课程教材开发的形式是高科技时代教学手段现代化的标志,是实现教学信息化、网络化,整合教育教学资源、优化教育要素配置的途径,是一种新型的整体教学解决方案。

(2)"学习领域课程"教材开发的内容。"学习领域课程"所使用的教学材料强调以学生学习为主,也称之为学材。学材常以引导性的文章、问题、图表和信息形式出现,因此又常称为"引导课文"。引导课文是一种专门的教学文件,在它的帮助下,学生通过独立或小组式的学习,可以达到以下目的:学习解决实际问题所需的知识和技能;从专业资料和维修手册中获取和分析专业信息,并寻找解决问题的途径,从而获得解决新问题的能力;能够进行有目的的学习,从而调动学生的学习积极性。具体教材设计形式见下文案例分析 。

三、"学习领域课程"教材开发小例

"学习领域课程"教材开发的关键是确定教材编写模式,为学生提供更多的实践操作的讲解指导,使学生有更多机会接触实际操作。但从总体上看,由于教学模式十分多样,"学习领域课程"教材模式也趋于多样化。特别是对于不同的课程性质和专业情况,应先确定职业特性和课程结构,确定学习任务,最后制定出教材编写模式,从而真正体现以学生为主体,体现教材的实操特色。下面以"学习领域课程"教材开发小例,介绍该类教材课程模块中开发的一些简单形式,以兹借鉴。

典型工作任务——中涂漆层的施工

学习目标(体现学习任务—引导性问题)

1. 能够正确叙述中涂层涂料的作用、类型

……

任务描述(体现学习任务—引导性文章)

对一经过正确底漆施工的汽车车身,进行正确的原子灰施工、干燥、打磨,并实施正确的遮护作业,要求进行正确的中涂层涂料的施工作业。

准备知识(体现学习内容——引导性知识课文)

(1)中涂漆层的作用

(2)中涂漆层的类型、特性及施工

……

学习引导(体现学习过程,以图表和信息形式体现引导性学习过程)

轿车前车门中涂层涂漆的学习路径:

涂漆前的准备→喷涂施工→修整与干燥→标志涂料喷涂→打磨

如:轿车前车门中涂层涂漆任务实施

在任务实施过程中,首先要正确掌握中涂漆层的施工程序,如图2所示。

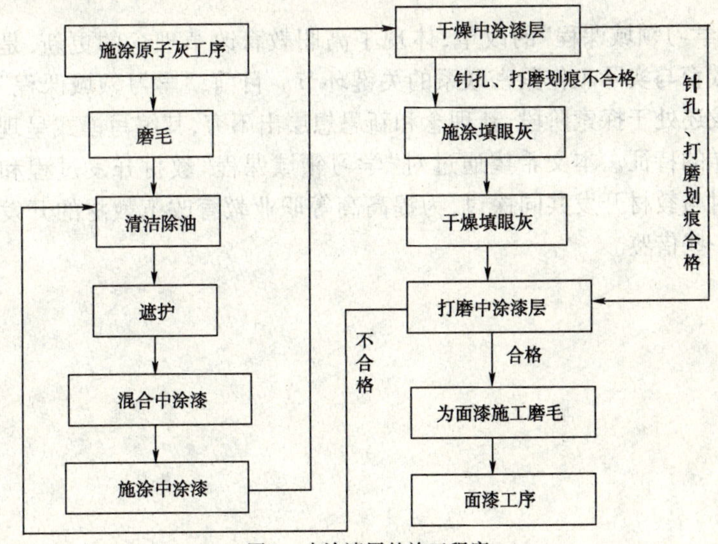

图2　中涂漆层的施工程序

评价反馈(体现学习结果——学生通过独立或小组式的学习,可以达到的以下要求)

自我评价:

通过本学习任务的学习你是否已经掌握以下问题:

①中涂漆层的施工程序?______________________________。

②中涂漆层的作用?__________________________________。

③中涂漆层的特性?__________________________________。

2. 小组评价

序号	评价项目	评价情况
1	学习态度是否积极主动	
2	是否服从教学安排	
3	是否达到全勤	
4	着装是否符合要求	
	……	

参与评价的同学签名:____________ ____年____月____日

四、结　　语

“学习领域课程”的改革,体现了高职教育改革理念的更新,是促进职业教育与实际工作紧密联系的关键环节。目前,“学习领域课程”教材的开发还处于探索阶段,新理念和新思想层出不穷,其编写模式呈现出灵活多样的特征。本文希望通过对“学习领域课程”教材开发过程和方法的探讨与教材开发共同探讨,为提高高等职业教育改革教材的开发水平提供一些借鉴。

以读者为本的选题策划

李 刚

社会主义市场经济的改革，尤其是2008年的国际金融危机，给中国的出版业带来了新的挑战。出版社要适应新形势下的新要求，要持续快速地健康发展，必须寻求自己的立足点和生长点，并接受市场竞争规律的考验。

党的十七大报告提出：科学发展观核心是以人为本。从编辑的角度，本人认为以人为本即以读者为本。影响出版社经营好坏的因素有很多，其中最为重要的因素之一就是图书的策划。作为编辑，更重要的就是要以读者为本开展图书策划。

一、以读者为本开展图书策划的必要性

1. 以读者为本开展图书策划是“以人为本”的理念在出版活动中的具体实践

以人为本，就是要把人民的利益作为一切工作的出发点和落脚点，把人民群众作为推动历史前进的主体，不断满足人的多方面需要和实现人的全面发展。以读者为本开展图书策划是编辑在出版活动中实践以人为本理念的具体要求。

读者是编辑活动的出发点和归宿。出版家邹韬奋“把读者的事看成自己的事，与读者的悲欢离合、酸甜苦辣打成一片”，适应读者需要，为读者服务，是他创办刊物的主张。编辑家叶圣陶做编辑出版工作的原则是一切为了读者，他说“读者诸君的满足，也就是我们的欣慰”。许多著名的编辑家、出版家都强调“为读者服务”，道理很简单，编辑出版工作实际

上是宣传思想、传播文化、知识教育、服务指导等工作,这些工作有一个目的:都是为了人。换句话说,编辑工作的根本宗旨是:为读者,为人。编辑要十分明确、十分坚定地遵守在编辑工作中读者是第一位的原则。

世界著名的出版企业朗文公司的编辑须知中有这么一条:A good editor always keeps the reader in mind. 这句体现着朗文企业精神的名言向业界揭示了出版者的成功秘诀:好编辑永远把读者放在心里。对编辑而言,读者决不仅仅是普通意义上的消费者。出版物是提升人们精神生活质量的特殊商品,是内容产品。这需要作为内容生产者的编辑从选题开始,到组稿、制作加工,一直到后期的宣传促销和读者反馈调查,都应从读者的角度出发考虑问题。

2. 以读者为本开展图书策划是市场竞争的需要

读者是出版物的消费者,是构成市场的第一要素。没有读者,也就没有市场。读者的多少,就是市场的大小。

图书市场已经从品种竞争阶段转化为内容竞争阶段乃至个性化阶段,图书市场已经全面进入买方市场。在原来的品种竞争阶段,只要能及时、大量地把图书生产出来,就可以占有市场。而在内容竞争阶段,多出书已经不能完全体现出版社的价值,出版社的价值要由市场确定,只有把图书推向市场并销售出去才能实现出版劳动的价值。此阶段销售渠道非常重要只有把图书送入渠道,读者才能看到,才可能购买。但到了内容竞争阶段的后半期,渠道已不再是万能的了,也不再是市场的直接代表,渠道开始变得角色迷糊,问题的中心转向市场的终端消费者——读者。读者越来越多占据主动地位,对图书拥有更多选择权,人数众多而差异颇多的读者群,促成了个性化竞争市场。因此,个性化竞争阶段的首要任务是出版企业如何向读者提供个性化的图书和服务——为读者服务,出版读者需要的图书成为一切工作的最基本的出发点。

二、怎样以读者为本开展图书策划

1. 选题策划以读者为本

以读者为本开展选题策划,编辑务必要做好读者定位,强化精品意识。选题策划并不仅仅是提出一个好的题目,重要的是编辑人员要做好

市场调研工作，认真了解读者，研究读者的阅读要求、阅读兴趣和接受能力，确定准确的读者定位，从而确定选题框架。任何一种图书都不可能将所有读者一网打尽，不同的读者对出版物的需求是不一样的，即使是同一读者也有着不同的阅读要求。因此，细化目标市场就显得尤为重要。读者对象不明确、不具体，或者过于宽泛笼统，策划的选题就会缺少针对性，出书后一定不会受到读者的欢迎。因此，细化市场的关键就是要对市场有充分的认识，要在广泛调研的基础上将目标读者细化、精确化，了解读者真正的口味，从而在选题策划时，能结合自身的特点，有的放矢。编辑只要善于从发展中的社会生活中捕捉到人们生产方式、生活方式和思维方式所发生的变化，以及这些变化将要引发的精神文化需求，并将这一趋势与市场现有图书资源相对照，就能够发现哪些题材还有市场空间，哪些是已经饱和或趋于饱和，从而果断策划出与时俱进的选题，服务于人民大众的文化生活，同时取得市场的主动权。

在日益激烈的市场竞争中，出精品图书，塑造品牌是赢得读者、赢取竞争优势最强大、最持久的利器。根据市场营销理论，消费者对自己所熟知的品牌比较容易认同和接受。目前，市场上很多图书名称相近、内容趋同、质量相差不多，但在销售和影响上却大相径庭，究其原因，就在于图书的品牌效应。品牌图书让读者成为出版社忠实的“回头客”，使读者睹社思书，总惦记着出版社何时又要推出新的品牌图书，进而强化了品牌图书特色。因此，编辑要从实际出发，善于寻找并捕捉自身出版优势和特色，开发或整合作者资源，精心选择专业水平高、社会影响大、写作经验丰富且符合出版社策划意图的优秀作者，按照出版社的整体策划要求去创作优秀作品。

2. 制作策划以读者为本

图书制作策划，是指建立在对选题内容和市场方向进行准确分析基础上的图书生产流程的策划。包括选题的范围、编校加工、装帧设计、出版时机的选择、印数与定价的把握等诸多环节，每个细节都应针对目标读者的实际情况进行充分考虑。

在图书编校加工中，要以读者为本，正确处理编辑和作者之间的关系。编辑和作者应该是一种共生的关系，他们所面对的是共同的市场，共同的读者。但考虑问题时，他们双方会有差异，例如作者会更强调他的专业性，从专业角度强调某些个性问题，而编辑则更着眼于读者，强调其共性或普遍性，期望该作品能适合不同的层次。编辑要加工出能引起读者阅读兴趣的语言风格，把较深知识含量的内容用尽可能简单而活泼的形式传达给读者。

装帧设计包括封面设计、版式设计、开本、用纸、印装方式等多个方面。它是满足读者个性化需求的重要方面，编辑策划时应根据目标读者的具体情况，有针对地进行封面设计、版式设计，选择适当的开本、纸型和印装方式等。

编辑还要针对不同图书提出不同的定价策略，使之切合读者的购买能力。

3. 营销策划以读者为本

图书市场竞争越来越多地表现为细节上的竞争，谁能为读者想得更周到、细致，谁就会在竞争中取胜。营销策划以读者为本，要做到眼中有市场，心中有读者。

(1)宣传销售。书籍的宣传销售不完全等同于一般商品的广告宣传和促销手段。培养作者的阅读能力、阅读习惯和阅读兴趣是使其购买图书的前提。

(2)读者沟通与市场反馈。书稿正式出版后并不意味着编辑职责的结束，编辑应担负与读者沟通的责任，既要向作者反映读者的疑问，方便读者更好地阅读与学习，又要向作者反映读者的心声与意见，方便作者完善和修订图书，以更好的满足以后读者的需要。

(3)创造读者，扩大市场。传统的创造读者就是导购，这是创造读者的初级形态，更高一层的创造读者就是创造整个社会读书的氛围。这虽然不是某一家编辑、某一家出版社能做到的，但是编辑可以通过某种出版物创造某一类的读者。市场营销学专家菲利普·科特勒曾说："市场营销中最成功的公司是能够满足现有顾客需求的公司。优秀的公司是满足需求，伟大的公司是创造市场。市场领导者通过构思新产品、服务、生活方式和方法，以提高生活水平。"因此，在进行图书策划时，编辑应该具有战略的眼光，不应该只是限于满足目前的市场需求，还要引导市场，创造读者，创造市场，从而将图书策划推向一个更高的层次。

合理结合,再创新意

——《隧道安全施工技术手册》策划有感

丁润铎

选题策划是进行出版工作的基础,认真进行选题策划工作,对出版活动的质量和效益都有重大意义。在新闻出版行业改制进行的今天,选题策划工作的重要性不言而喻。近些年,市场意识强、改革深化的出版社,其策划选题不仅仅局限于传统领域,纷纷向效益较好的行业进军。其中,我们的公路出版业就属于"被进军"的领域之一。当然,我们也在努力拓展外行业业务。

在此状况下,笔者分析,竞争策略可有:全力向外行业进军;巩固现有市场,适时拓展;坚守阵地,暂保市场。市场调查表明,我公路图书出版中心出版的公路类图书在本行业内占有较大市场份额,但在如此竞争环境下近年有负增长趋势。显然,我们选择的"巩固现有市场,适时拓展"的竞争策略是正确的。

巩固现有市场,需要有好书的支撑。如何策划好的选题,在笔者策划《隧道安全施工技术手册》过程中有了一些体会。

1. 全面分析现有出版品种,仔细寻找"薄弱点"

公路图书出版在我社建社之初即成为主要业务,其已经历经半世纪有余。特别是近10年,随着公路建设的加快,公路图书出版数量逐年增加,其内容包括规划、设计、施工、监理、运营、养护、维修、再建、管理等,涉及公路、桥梁、隧道、市政、轻轨等。在策划选题的前期,首先要对已出版的图书及现有市场图书进行汇总、总结,哪方面图书在架、哪些书有卖点、哪些书已无市场价值,要进行判断、甄别,目的是找出"有卖点且品种少"的市场"薄弱点"。隧道方面的图书因市场较小而品种不多,也许正因如此，有关隧道的图书销售业绩却同比不错。因此，笔者决定以隧道为突破点，进行深入策划。

2. 紧密围绕交通行业动态，合理寻找“结合点”

策划选题需要我们“眼观六路，耳听八方”，报纸、期刊、电视、互联网都是信息的主要来源。对于从事行业技术性的编辑而言，通过各种渠道，了解、掌握行业内的热点、关切点十分重要。

国家对基础设施进行了大规模投资，基础设施的施工质量受到越来越多的重视。尽管如此，一些工程人员片面追求进度，忽视必须的工艺流程，安全事故时有发生。湖南凤凰大桥垮塌事故、杭州地铁坍塌事故……都付出了血的惨痛代价。施工中，始终树立安全观念已成为工程各方的共识，这就是当前公路施工行业的最新动态，“如何防范安全事故的发生，做到安全施工”就是从事施工人员的关切点。

关于安全话题的图书，市场上品种较多，但大多集中在管理方面，而从技术角度谈安全的图书为数不多。隧道作为地下工程，人机料均在同一狭小的半封闭的空间，安全隐患较其他工程多。把安全话题同隧道施工结合起来，便可形成较有新意的选题——《隧道安全施工技术手册》。

目前，该选题已通过我社初步认可，笔者组织了设计、施工、科研单位的有关专家，正在抓紧时间编写，预计 2010 年年初可上市发行。总结《隧道安全施工技术手册》选题的策划过程，我们可以有理由认为，选题策划中出好书是目的，捕捉各种有用信息是手段，寻找“薄弱点”、“结合点”是关键。

论专业出版中的营销

陈志敏

一、前　言

营销的重要性已经不言而喻,在整个出版行业如此,在专业出版领域,在我社,亦如此。

营销的问题适用于整个出版领域,在此仅基于专业出版中的营销工作进行阐述,相信对其他领域亦有参考意义。

鉴于现状和新形势,本文描述的营销体系,亦是基于目前行业状况并考虑形势的发展提出的。

我社属于专业出版范畴,包括高等教育教材、培训教材以及一般专业图书出版,因此我们的营销工作主要是面向教材营销和一般图书营销的;专业出版机构最核心的是品牌建设,因此品牌营销是专业出版的一项重要工作;从选题策划到图书销售的全过程中进行的营销工作,为全过程营销,而基于自身营销资源、面向中间商和读者,利用各种媒介资源进行的全面系统营销,则为立体化营销;随着营销工作重要性的不断加强,在新形势下的营销理念创新、营销工作的专业化改进、营销组织的专业化建设,提高营销效率和营销水准,已经越来越迫切,本文谓之为“专业化营销”。所有这些,下文都将一一阐述。

二、专业化营销——营销工作的专业化改进

1. 信息传达和图书传递方式的改变

图书销售中有两项工作:图书信息的传达和图书的传递。之前的出

版行业，图书送达书店（中间商），就意味着图书信息和图书对读者的送达，因此销售渠道异常重要，渠道建设成为发行领域的一项重要工作，也引出了“渠道为王”的说法。而随着信息社会的到来，一切都已改变。网络，成为这个时代改变一切的根源。甚至在图书信息传达过程中起到重要作用的报刊、信函、电子光盘，以至广播、电视等媒介，都成为滞后的过去。网络信息传播规模无限大，并且极为快捷和便捷，图书的信息传达、读者的信息获取，发生了巨大的变化。书店有限的空间、地理环境的局限、图书到达的迟滞，越来越成为图书销售与购买的约束，而目前发达的网络和高效的物流服务，使图书的选择、购买、传递方式，发生了根本的改变。也可以说，只要读者通过信息传播媒介获得了图书信息，就可以通过网络足不出户地买到图书。

举两个例子，一、通过网络购书已经成为年轻人以及经常使用网络的人士的主要购书方式，网络书店如当当、卓越发展迅速；二、以本人出版的《SAP2000 中文版使用指南》一书为例，销售近 3 年，出库 8000 余册，而在最近一年开始的当当网销售量就达 1000 余册，销售量很大，这不是传统书店所能比的。这些都是引发我们思考的重要现象。

2. 营销理念创新

网络出版、网络销售应是未来出版业的必然，而当前我们需要作出的重要转变则是在尝试网络出版、强化网络销售的基础上，改进传统的营销模式，不断加强网络营销。当前出版行业出版规模巨大，竞争激烈，读者的选择权越来越大，因此图书营销才会越来越重要，甚至没有好的营销，图书根本销售不动。而目前的营销模式，还是以传统营销为主——让读者看到书，以网络营销为辅助。那么今后如何更好的利用网络进行营销，使网络营销成为主体，是需要我们思考的一个问题，甚至其实现，需要我们做出尝试。例如目前的教材营销和选用是以为教师提供样书、教师阅读样书决定为主，教材推广中大量的工作围绕此展开，那么我们能否基于网络信息提供为教师提供足够的教材信息资源帮助其作出抉择呢？这是需要我们作出的第一个理念转变，并相应的作出实践。

同时随着新“渠道”（网络）的出现，“渠道”越来越丰富，购书越来越便捷，购书渠道将逐渐不再是图书销售的制约，那么传统“渠道建设”的功能则会趋于弱化，信息传达在出版规模越来越大、竞争越来越激烈的今天，则越来越重要了。因此我们第二个理念创新就是“营销重于渠道”，

而"营销"的宗旨就是"将图书信息有效的送达绝大多数读者群体面前",并围绕此宗旨强化建立锁定目标人群的精细化营销体系,使营销工作更全面、精细、高效、专业,使营销工作成为销售体系中的核心。

3. 营销工作的专业化改进

近几年我社的营销工作获得了长足的进步,但总的说来还不够"好",专业化程度不足,营销主要还是部门及相关人员的辅助工作,营销工作不够全面,不够细致,效率不高,深度不足。同时从先前"策划/生产/营销一体化"的工作模式中把编辑从事务性工作中解放出来,建立专业化营销体系,既提高营销水平,又使编辑专注于选题开发,提高策划效能,是目前需要解决的问题。而随着我社图书出版规模——尤其是教材出版规模的不断增大,已经需要更加系统、强大的营销作为支撑,营销日益重要,其不足更加凸显,其强化势在必行。同时营销理念有待于更新和提高,新型营销模式的研究和尝试不足。而营销编辑未发挥应有作用、营销活力不足也是目前营销工作中的一个问题,有必要从多方面进行改进。

因此我们认为营销工作需要在以下几个方面做"专业化改进":

(1)建设一个高效、专业化、制度化、精细化的营销体系。

(2)在组织、机构、人员及职能上进行必要的专业化改进,使营销组织专业化、营销工作制度化、营销人员专门化、营销职能精细化,并做好上述精细化营销体系中的各项工作,从而使我们的营销工作提升到一个新的水平。

(3)通过各种方式促进相应人员营销理念的提高,研究和尝试新的营销模式,永远保持营销工作的活力,为图书出版提供最有力的支撑。

三、品牌营销

就专业出版而言,业内共识是品牌特征明显,并因此才拥有某行业内的强大竞争力,如我社之于交通行业,建工社之于建筑领域,人卫社之于医药行业,等等。同样由于专业出版的品牌特征明显,因此在营销、渠道上更易于建立专业化的信息服务形态,易于发展新媒介领域——如数字化出版,但对于拓展非本专业领域则带来不利影响。

因此在专业出版中一定要注重品牌营销,在传统出版领域要不断强化品牌,在新拓展领域更要优先进行品牌建设,以获得品牌影响力为工作核心，随后出版工作才会被广大专家和读者认可，确立在所拓展出版领域的地位，并最终获得回报。

品牌营销的前提是品牌建设，在传统优势出版领域，应强化出版最优秀的专业著作，着力打造各层次各类别高品质的图书，提供全方位的知识信息服务，巩固本领域全国出版中心的地位；对于新拓展出版领域，应以品牌建设为核心，并采用合适的策略，渐次形成我们在某些新开拓领域的影响力；品牌建设是长线工程，需要有所策略、有所投入，品牌建设需要我们的出版理念、考核方式、综合评价体系作出适应性调整和改变。

品牌营销在品牌建设中拥有重要的地位，内容庞杂，但以形象推广、扩大影响为主，以销售效果为辅，如图书的媒介广告宣传、会议展示、图书赠送活动、策划出版名家的著作、出版系列重要著作等等，其目的是利用各种有效的手段"突出"我社在某些领域图书出版中的存在和影响力。

无论是一般图书还是教材，同样都需要品牌建设和品牌营销。

四、全过程营销

全过程营销，指的是从选题策划和组稿开始，在编辑、生产、新书信息传递、发行上市、大型宣传活动各环节，直至图书后期维护，都要渗透营销因素，积极进行全方位的图书宣传推介，最大限度的发挥营销的作用，推动图书销售。

总的说来，在时间概念上，全过程营销大体上可以分为三个阶段：选题策划阶段营销、图书生产阶段营销、图书出版后营销。在不同的阶段我们可以有针对性的开展相应的营销活动，渐次提高图书的影响力，以最终影响销售效果。全过程营销在大型丛书如教材、培训用书、畅销书上的表现尤其明显，有时候甚至前期工作比出版后营销更重要。当然，一般图书也需要渗透全过程营销，只是其工作量较小而已。

1. 选题策划阶段营销

刚一介入选题策划，我们就必须要考虑为图书出版后的营销工作做准备，比如有影响力的作者的选择、项目开展中利用媒介宣传制造一定的声势、选题开发策略制定等等，先期形成图书的影响。或者做图书前先做市场，科技类图书的读者群体相对集中和固定，我们是可以通过"圈地"、通过图书编写来占领本领域市场的。

前期营销在教材、培训教材、大型工具书的出版中尤其重要。例如教材开发，我们应在前期组织中要考虑营销工作，如从市场空间和差异化出版的角度出发，做好定位，以提高教材使用的忠诚度；组织一定数量的院校参与，同时坚持每门教材由3~5所院校参加编写、共编共用的原则，以保证基本用量；谋求官方机构的参与和支持，提高教材的推动力；强化教材在编写组织内院校的推广，扩大基础用量，等等。

再比如企业培训教材的策划中，加强组织工作，让参与企业成为我们的终端用户，在前期组织中就考虑了这一点，将会获得极其稳定的销售状况。如果我们邀请了某一类行业中的全部企业共同开发一套培训用书，并建立可靠的组织关系，那么这些企业的“市场”不就是我们的吗？

2. 图书生产阶段营销

很多人简单的为图书生产而生产，忽略了此阶段的营销工作，其实不然。我们应该在图书的生产过程中分阶段地通过各种手段进行图书的宣传，如面向发行业务员、经销商的信息传达，利用各种媒介的前期宣传，等等，让图书信息持续的传达到各层次经销网络，让图书关注度持续提高，为图书的最终推出做足铺垫。

3. 图书出版后营销

在图书出版以后，图书本身媒介的利用，利用期刊、网络、展会的各种推广，专门举办的各种研讨会、师资培训、数据库营销，售后服务跟踪信息反馈体系中的软营销等。所有这些营销活动，都会分阶段的、渐进的提高教材的影响力以至达到最优销售效果，需要以较大声势去做，在教材及大型丛书推广中，这一点尤其重要。

全过程营销至关重要，我们务必提倡并加以重视，这同时也反映了策划编辑的综合策划能力。关于全过程营销中的具体营销工作，将在立体化营销中加以详细介绍。

五、立体化营销

全过程营销立足于时间概念，立体化营销则是基于空间概念，强调对图书进行全方位的宣传，主要包括利用图书自身载体进行营销、面向经销商的营销、媒介营销、终端用户营销和利用会展营销，最终打造一个立体化的营销网络。

1. 利用图书自身载体进行营销和服务

(1)充分利用封面、扉页、版权页、封底,以尽可能多的信息展现图书特点,如"丛书书标"、"宣传语"、"读者服务信箱、电话"、"编辑信箱、电话"、"本社网站主页"、"图书分类上架建议"、"书评"、"丛书宣传""作者联系方式"等等,以备编读往来,供读者咨询、查询和上架销售。

(2)可以利用图书作为广告载体,内夹广告页,进行相关图书书目宣传,信息可以相对详细。

(3)对于大型丛书或重要图书,可辅之以出版说明,对图书组织、用途、对象、特色加以介绍,帮助用户选用;对于畅销图书,在重印、再版时要补充重印说明、再版说明,进一步强化图书的用途和特色。

(4)强化图书的功能定位和信息的外部传达,充分利用内容提要和前言、封面明确图书定位、细化读者群体并提供细致的使用服务。

2. 面向经销商的营销

(1)营销编辑要分阶段向发行部业务员提供部门图书出版计划,如本年度计划出版图书、本季度、本月计划出版图书,已出版月度、季度新书,以及重点图书出版计划、套书出版计划,以便业务员全面、深入掌握图书情况。

(2)新书出版入库前,可由责任编辑撰写新书介绍单,详细说明图书的特点、读者对象、用途等等,送交业务员并转交中间商以供其了解本书;编辑要给予发行部详细深入的图书介绍,包括书名、内容简介、读者对象、适用范围、图书品质定位等等,让发行人员详细了解图书信息,以便向书店和读者作出解释;包括丛书、系列图书的总体情况、单书情况,同类图书从手册到一般图书,亦要介绍清楚。

(3)新书出版后登载如新书快讯、销售手册进行宣传,送发行部样书,新书入库前由责任编辑向发行部提交配货建议。

(4)重点图书和丛书,应制作店铺招贴和丛书介绍,向中间商重点推介;适当的时机可做同类书宣传单,向中间商重点推介;对于重点图书,须与市场营销部、发行部配合制定专门的营销方案。

(5)充分利用网点会向经销商宣传图书,参与各类营销推广活动。

(6)营销人员要加强与经销商的沟通,以不断改进面向经销商的宣传手段。同时建立信息反馈体系,使书店及读者对图书的意见和需求及时反馈到编辑部,从而使编辑部得到第一手的图书讯息。

(7)定期对网点、渠道进行检查和评价,分析其优劣并加以改进;了解各书店的主营品种、销售特点和规模、销量,从而为制定更细致的配书建议提供依据;开发新的营销渠道和模式,包括直销。

3. 媒介营销

(1)充分利用网络进行图书营销宣传,包括本社网站、各类图书销售网站和专业网站、论坛。

(2)充分利用各种专业期刊、报纸进行营销宣传。

4. 终端用户营销

建立各级各类图书的读者数据库,进行定向宣传,如施工企业数据库、设计企业数据库、高校各门类数据库、读者服务数据库等。

5. 利用展会和研讨会进行营销

充分利用各种展会、研讨会进行图书宣传,如图书定货会、展览会、书市、学术研讨会等。

六、教材营销

教材作为专业出版的主要产品,必须进行全面系统的营销,包括品牌营销、过程营销、立体营销,下面将基于此,并考虑专业化改进,提出针对教材产品的营销方案:

(1)应按由部门正副主任、营销编辑和教材策划编辑组成教材营销组,并根据教材开发板块成立相应的营销小组,共同制定营销方案、组织实施。

(2)应全面制定教材营销计划:在教材组织上及教材开发全程都须考虑营销因素和营销手段的使用,各套教材都必须制订专门的营销计划,营销计划必须全面、高效,并明确活动安排、进度安排和成本核算以及成果预期;

(3)进行营销数据库建设:应建设、维护各领域院系数据库和各课程主讲教师数据库,目标应是建设一个覆盖全面、使用高效、适时更新的数据库体系,作为教材推广工作的基础。

(4)样书寄送及样书架活动:作为院校教师选用教材的最有效途径,样书寄送是一项重点工作,其主要工作一是部门和社相互配合建立教材的样书架系统;其二,不需建立样书架的院校,根据具体情况寄送样书;其三,基于主讲教师数据库,及时寄送新产品教材供选用。以上几方面工作相互补充,可有效实现样书赠送,此项工作由营销编辑务必在教材营销季(4月、10月)完成。

(5)营销资料寄送:依托数据库,结合营销计划,在营销季制作相应资料向各院校寄送,这项工作与样书赠送一道,构建了全面的信息传达系统。

(6)营销跟踪与信息收集:在整个年度营销工作中,营销编辑要利用数据库,结合前述活动通过电话、电邮进行全面营销,完成部分市场调研、教材跟踪和信息收集工作;

(7)核心客户营销:对于教材使用量较大的院校和教材开发体系中的院校,以及策划编辑拥有的资源,除上述营销工作外,策划编辑要主动维护,组织各种营销活动,包括主要客户的直接推广、主要资源的维护、结合策划和调研工作的院校及主讲教师走访、举办各类师资培训班、教材研讨会,等等。

(8)巡展、会展和广告宣传:组织院校巡展,上门推介,巡展活动要结合综合调研,由策划编辑和营销编辑配合完成。充分利用各种展会、研讨会进行图书宣传,如图书定货会、展览会、书市、学术研讨会等等。要遴选适合的媒介,如期刊、网站、报纸,利用广告进行教材宣传。

(9)教材综合服务资源传递维护:对于向客户提供的教材服务资源,如网上资源库、课件及配套资料提供,要及时跟踪、维护,做好这项工作。

(10)教材营销分析数据提供:营销编辑要定期进行教材流向跟踪统计分析、销售情况统计分析、客户统计分析、教材使用满意度调查、用户意见反馈等工作,为策划编辑提供强大的技术支持。

(11)中间商铺货情况跟踪:做好跟踪工作,尽可能的提高铺货率,这也是一个教材选用途径。

(12)其他上述营销模式中的相应工作。

七、一般图书营销

一般图书营销的主要目的是利用各种有效的手段,“突出”我社在某

些领域一般图书出版中的存在和影响力,以扩大影响为主,为教材开发和特色图书开发提供舆论支持。如,某些重要图书的媒介宣传、学术会议宣传、赠送及院校巡展。

在目前教育类产品居多的情况下,建立院校周边书店的渠道及数据库宣传体系,为教材宣传及一般图书宣传服务,应该非常必要。

其他营销模式中与之相关的部分。

八、结　　语

在专业图书出版中,市场竞争越来越激烈,营销工作越来越重要,因此加强营销工作的主动性,改进营销组织,提高营销水准,建立全面系统的营销体系,将为出版工作提供有力支撑,但解决问题的关键在于以下几点:

(1)出版社各级各类人员必须加强对营销工作的认识,重视营销,同时拥有较为先进的营销理念和营销手段,这是做好营销工作的前提。

(2)注重研究和分析,由下而上逐步建立一个精细化的营销体系,这是营销工作的核心。

(3)进行必要的专业化改进,为实现专业化营销体系中各项工作提供组织保证。

浅谈科技图书编辑工作中的营销意识

袁　方

在社会主义市场经济体制下，科技图书出版正面临着激烈的市场竞争。作为一名科技图书编辑，应在新的出版形式下，将营销观念引入编辑工作中，使选题策划与营销策划一体化，增强市场意识，以满足读者需求为第一原则，将营销观念贯穿于出版各流程中。

图书营销是出版活动中的一个系统工程，编辑要做好图书营销，必须深入到出版活动的各个环节，强化全程营销的意识。现从图书出版的三个阶段逐一进行叙述：

1.选题策划阶段

选题策划必须以市场的需求为导向，亦即以读者的需求为出发点。因此，市场调查是选题策划的基础，选题策划之前要做好市场调查工作，并以此确定目标市场。市场调查要求编辑多渠道地收集信息，多角度地分析信息，并从中总结出目前市场需求的方向，再以此来确定目标市场，制订选题计划。作为科技图书编辑，我们应时刻站在读者的立场来审视自己的编辑出版工作，及时了解、发现、研究读者的阅读需要（尤其是未被满足的潜在的需求）、阅读兴趣和接受能力，注重读者的反馈意见，以便有针对性、有目的地进行选题策划，从而更好地满足读者在学习、工作、生活等方面的阅读需要。

在策划选题时，编辑的营销意识主要体现在以下三个方面：

（1）编辑在选题策划时要明确具体的读者对象。根据具体的读者对象的实际情况，来研究和决定图书的内容、装帧档次与装帧风格、市场定价、出版时间等问题。就装帧设计而言，图书装帧设计除了要和图书内容相符外，更要从读者的角度考虑，使图书装帧设计更贴近市场、符合读者

的需要。以人民交通出版社的标准规范为例,它所体现的是行业内必须强制执行的准则,所以必须采用庄重严肃的图书装帧设计。就图书定价而言,应考虑图书的读者群,如果是针对学生或者收入较低的群体,则定价不宜过高;反之,可以适当提高定价。

(2)编辑在选题策划时还需开发并优化作者资源。编辑在选题策划的过程中必不可少的一个环节就是发现作者、选择作者、争取作者。一方面我们可以积极争取某学科、领域或行业的专家或学术带头人已经完成或者将要创作的优秀稿件;另一方面,主动向专家及学术带头人约稿,为他们提供一些必要的支持,并协助他们创作。

(3)编辑在选题策划时要调查图书市场。即对市场上其他出版社同类产品进行调查,统计一下同类产品的种类,它们在市场上的销售数量、销售前景、读者对它们的评价,以及编辑本人应对它们的优劣做出客观的评价。如果同类书在市场上已经饱和,就不能列选;如果要列选,就要使选题有比同类图书更高的质量和鲜明的特色,只有扬长避短才能设计出让读者满意的产品。

2. 书稿加工生产阶段

在书稿加工生产时,编辑的营销意识主要体现在以下两个方面:

(1)应以选题策划时的定位为标准,进行书稿加工生产。编辑在书稿加工生产阶段体现营销意识的前提是通读全稿,通过通读全稿,可以了解和把握选题策划时的市场定位是否在书稿中实现,也可以更好地与作者沟通,并对书稿进行有益的修改,同时,也可以找准该书的卖点,以便后续的营销工作的顺利进行。

(2)应注重图书的装帧设计。编辑应对图书封面、版式如何设计,图书采用什么样的开本、材料和印制工艺等有自己的观点,同时,还要善于与封面设计者、营销人员进行沟通与交流,表明自己的营销意图。还应在封面设计、勒口、扉页、正文版式、图片选择、印刷用纸等细节上渗透营销要素。而且要在书的形式和内容上掌握好度,形式既要别具一格又不能大于内容,这样才会吸引读者。

3. 图书销售阶段

在图书销售阶段,编辑应发挥主体作用,其营销意识主要体现在以下三个方面:

(1)应控制图书上市时间。图书市场中存在跟风出版、重复出版的现象,往往使分销商眼花缭乱,所以,编辑要在图书上市时间的选择上具有敏锐性,同时,也可以组织立体化的宣传推广,从而有力地带动图书销售。例如,《安全驾驶从这里开始》采用新闻发布会的形式来进行宣传,取得了良好的营销效果,从而带动了该书的销售。

(2)应与发行人员一起拓展销售渠道。编辑在营销资源上具有自己的优势,应通过掌握的信息和销售渠道资源,积极与发行人员一起拓展市场,同时,也可以通过作者扩大市场、挖掘新的销售渠道。例如,《道路运输法学(客运·客运站)》一书,在图书即将出版前,就向全国各个运管系统发出了征订单,图书出版后,给部分运管局寄送了样书,以便各运管局培训用,这样就拓宽了销售渠道,取得了较好的营销效果。

通过以上分析我们可以得出结论,图书的营销始终贯穿于编辑工作过程中,图书编辑只有树立营销意识,才会在工作中自觉地把好质量关,才能更好地为读者提供服务,给出版社带来更大的市场空间,实现两个效益的双丰收。

出版社营销渠道建设的战略性研究

刘建荣

一、出版社营销渠道的概念

大多数生产商都要和营销中介机构打交道,以便将其产品提供给市场。营销中介机构组成了营销渠道,也称贸易渠道——trade channel 或分销渠道——distribution channel。根据 Stern 和 El - Ansary 对营销渠道所下定义:营销渠道(marketing channels)是促使产品或服务顺利地使用或消费的一整套相互依存的组织。出版社营销渠道就是使图书、音像制品(或相关的服务)销售出去的一系列组织如各类实体书店、网站、发行商等。

营销渠道建设是出版社所面临的最复杂和最富有挑战性的一项工作,它的运作编织了一张高效的关系网,它有一种强大的惯性,既规范了渠道成员的责任和权利,又对营销渠道的管理与策略等提出了要求。营销渠道建设是一个动态系统的过程,它既着眼于当前的营销环境,也要考虑营销环境的变化,因此具有很强的战略性要求。

二、出版社营销渠道的组成系统

营销环境是不断变化的,营销渠道的含义也会随着环境的变化而不断被注入新的内涵。出版业现代营销渠道已不再单单是一系列相互依存的产品分销的组织,而是一个包含了渠道成员、渠道体制、渠道管理、渠道策略、渠道环境等多方面不同组合的系统多维综合体。因此应该把营销渠道建设看作出版社整个营销战略规划中极为重要的一个环节来进行思考。确立营销渠道的目标是将出版社期望产出水平的渠道费用最小化并实现高效循环。经营好渠道必须全面熟悉渠道，真正理解渠道，善于掌握渠道的运作规律并不断进行创新和差异化分解，出版社才能真正提高渠道效率，应用渠道建设实现出版社经济效率的提升。

三、战略性对出版社营销渠道建设提出的新要求

目前，很多出版社不是从经营战略的角度来看待渠道建设这一重大课题，而是仅仅从分销商品、实现利润等短期效益和战术层面上来处理，而完全忽视了渠道建设与产品价格、推广和品牌策略的战略协同效应。这种战略忽视导致出版社营销渠道建设与其他营销策略相互脱节甚至对立起来，既浪费了出版社营销资源，又无法取得整体全局性、长期性的营销效果。

渠道建设战略性的提出可以增强渠道成员营销系统内各职能部门之间的协作意识，可以为提高渠道运营效率创造条件并减少渠道管理者的盲目性，缓解意外变动的影响。战略性的提出对渠道建设策略提出了新的要求：

（一）渠道建设必须改变短期性、局部性的战术观念，而代之以长远性、全局性的战略规划思想

战略管理的始祖安德鲁斯认为，战略管理的核心作用是把环境的机会和企业的力量相匹配，同时保护企业的弱点，使之不受到环境的威胁。反映到出版社的营销渠道建设上，战略的作用主要表现为平衡渠道网络成员的优势和出版社自身对渠道的掌控力，利用品牌策略、推广策略等的发挥，与渠道成员建立和谐的关系，同时对不同阶段出版社可能出现的风险暴露及瓶颈问题进行有效预警与解决，进而真正实现出版社与渠道成员的优势互补、价值共享。既实现出版社品牌价值的提升又实现渠道价值的提升。为此，出版社必须从长远、全局出发制定战略性渠道建设的规划。

（二）渠道建设必须摆脱过去那种就事论事的静态处理方法，代之以能动性、变化性的动态能力战略观

Teece · Pisano 和 Shuen（1997）提出“动态能力”战略观，他们认为

“动态”是指适应不断变化的市场环境，企业必须具有不断更新自身胜任的能力。“能力”是指战略管理在更新自身胜任（整合、重构内外部组织技能、资源）以满足环境变化的要求方面具有关键的作用。反映在出版社的营销渠道的建设上来，动态能力的战略观要求出版社在进行营销渠道的建设时必须用动态的观点来看待市场环境、竞争态势、可能出现的机会与问题等的变化，不断加强自身渠道优势的修炼，提高自身处理风险问题应变能力和实施动态渠道营销策略的管理能力。出版社的渠道管理人员要能够根据出版社的具体情况来识别出版社独特的渠道资源和优势，决定不同策略实施的适当时期。渠道管理人员应该把注意力集中在出版社营销系统的内部管理过程上来，以提高出版社的渠道掌握能力。战略性渠道建设要求渠道管理人员具有主观能动性，他们应该根据实际情况，适时地对其渠道建设的若干要点进行调整。

（三）渠道建设应树立行业竞争意识和渠道合作意识，打造出版社独特的渠道优势

营销渠道成员扮演着追求自身利益和集体利益的角色，为了利益它们之间既相互依赖又相互排斥，具体表现为行业内不同出版品牌对渠道网络和市场份额的竞争和渠道内不同成员之间成本最低和向读者提供特色产品与服务的竞争，不同层级渠道成员对读者的重视又导致了相互间的合作意识增强。

无论出版社采取何种营销策略，出版社与渠道成员之间都应该建立有效的联盟或合作关系，因为只有取得行业内的优势地位，把整块蛋糕（利润）做大，出版社和渠道成员才能获得利润最大化。出版社要具有竞争力必须创建自己高效的价值链，而同处于一条价值链的生产商和渠道商之间应是一种战略合作关系，而不仅仅是一个简单的买卖关系。因此行业内出版社间的竞争不仅仅取决于价值链中每一个出版社的竞争优势，更重要的是通过渠道成员之间的战略合作，塑造整个价值链的竞争优势。

四、出版社战略性渠道建设的基本着力点

渠道建设的战略性要求其具有长远、全局性的战略规划，具有动态能力的战略适应观。在战略的实施过程中，出版社必须树立行业竞争意识

和渠道内合作意识，通过渠道差异化打造独特的竞争优势。为达成上述战略目标，出版社的战略性渠道建设的着力点突出表现为以下方面：

（一）确立渠道战略目标

渠道的战略目标服从于出版社的营销战略目标，渠道战略目标应该表述为目标服务产出水平。出版社的渠道战略目标应该包含渠道目标（销量提升、网络打造与占有、品牌塑造等等）、进入的市场、预期要达到的读者服务水平、渠道的功能等，各个分目标的确立必须服从经济标准、可控标准和法律准许标准等。归结起来，战略性渠道建设的目标应是：利用渠道优势，节约营销资源，实现最大利益，提升品牌形象。

（二）明确营销渠道建设的战略功能

营销渠道作为出版社营销战略的重要组成部分，具有十分重要的战略功能：

1. 为渠道成员和读者创造时空便利，提高了读者满意度

营销渠道不仅让生产商（供应商）、中间商、辅助商获得了信息交流、资金融通和宜于接触读者、用户的便利性，更为广大读者或终端用户提供了时间、空间、数量、服务、商品类别上的便利性。只有让读者看得到、买得到，产品的销量才会上去。因此营销渠道建设的核心应为读者提供便利，以最大限度地获得读者的注意，最大限度地满足其需求，使其能够获得最方便及时的服务，提高其满意度。

2. 扩大了出版社的市场覆盖面，提高了出版社的营销效率

通过合理的营销渠道建设以及渠道的宣传和扩散效应，营销渠道可以扩大出版社的市场覆盖面、市场覆盖率，提高出版社的市场占有率。渠道合作关系的建立将大大提高出版社商品的流通速度，提升出版社的营销效率。同时，渠道成员间稳定利益关系的建立可以发挥战略协同效应，共享渠道资源，改善交易秩序，降低交易成本，提高出版社的盈利能力。

3. 提高了出版社的风险承担能力，形成出版社综合竞争优势

营销渠道的形成使渠道成员分别承担各自风险，既减轻了出版社的

压力，也减轻了渠道成员的压力，两者通过分工合作、优势互补，形成利益共同体。同时出版社有更多的精力和财力来提高效益，实现规模经济性，提高服务水平，形成综合竞争优势。

4. 通过渠道服务提升了产品价值和品牌知名度

出版社战略营销渠道建设必须向读者提供优质的产品（图书、音像和优良的服务），并从下游客户中开发出更多的资源以多种手段来满足读者的需求，不断提升服务在渠道价值链上的地位，提升出版社产品的价值和品牌知名度。通过渠道推动品牌成功发展后又反过来促进营销渠道的进一步上升，从而形成一种良性循环。

营销渠道是出版社的无形资产，是其市场制胜的法宝之一。只有从战略的高度把握营销渠道的功能，才能将出版社的渠道作为一个至关重要的战略要素来抓，才能从根本上对营销渠道的设计选择与管理制定有效的策略，打破传统渠道的弊病。

（三）根据产品特点、出版社规模和目标市场选择合适的营销渠道

营销渠道的建设受到市场环境，出版社规模等影响因素的制约。因此，出版社需要认真分析，权衡各项因素，对每一渠道及其成员的选定与布局应依据其所针对的目标市场的需求特点、需求潜力及盈利规模而进行。市场因素包括市场分布、读者数量、读者购买特点等。产品因素考虑的是产品的购买对象、生命周期、流转速度、购买效率等。目标市场包括市场特性、市场容量、潜在需求等。营销渠道的选择包括对渠道长度和宽度的选择。短渠道有利于出版社全面掌控终端（如掌控终端卖场销售情况、环境市场信息等），但对出版社资源力量、售后服务的要求较高；长渠道（连锁后的新华书店系统算长渠道的一种）一般都具备高度渠道专业化和广泛的地理覆盖等特征，使得出版社有能力面对大量而分散的读者，出版社在资金风险和资源方面压力会相对小些，但对销售终端的销售情况、服务质量等方面的控制能力相对较弱。因此出版社在进行营销渠道建设的过程中应该根据自身特点选择合适的渠道模式。

（四）从战略性的营销渠道规划要求出版社对渠道建设中可能出现的问题进行预警，并提出解决方案

市场环境是不断变化的，出版社的营销渠道建设同样也处在一个动态的过程当中，在这个过程当中可能出现各种各样的渠道冲突和风险暴露。对此出版社必须将其纳入战略规划的预警体系当中并提出解决方案，避免危机发展到不可收拾时再去解决，那样既贻误战机又浪费资源，实在得不偿失。因此出版社在进行渠道设计时必须进行合理预警。

科技类教材几种营销方式的分析

曹延鹏

所谓教材营销,对许多国有出版社而言,是发行部门的事。一些图书工作室之所以市场做得好,关键就在它们的编辑、发行人员是合二为一的。编辑部门和发行部门发挥各自的优势,各司其职,又密切配合,保证图书的推广力度。对于教材而言,市场竞争加剧,微利化趋势更加明显,营销的作用显得尤其重要。但是由于教材面向的主要是学校,其营销手段相对有限,灵活性较市场图书要低,这就增大了教材营销的难度。

本文将对教材营销中的营销展示、样书管理、教材本身等关键问题提供一些分析和建议,供大家参考和指正。

一、不同营销展示方式的选择

我社在教材营销展示活动中采用了院校巡展、系部走访、集中会议式展示、专场展示会4种营销展示方式。通过实际参与,总结经验,得出这几种营销展示方式的不同特点,见表1。通过分析,集中会议式展示和系部走访的教材营销方式适宜在编辑部门开展,编辑部门可以发挥编辑的优势,通过自主举办或承办教材编写会、教学研讨会、专业年会等形式以及定向走访开展教材营销活动,把推广核心专业教材和选题开发相结合,不但可以节省费用,而且往往可以收到事半功倍的效果。而教材巡展和专场展示会的营销方式适宜在全社开展,出版社统一管理,统一实施,处理好人员协调、资料调配等问题。教材巡展应扩大覆盖面,常抓不懈;专场展会要优选参加,提高效率。

不同营销方式效果分析 表1

营销方式	特　　点	适用范围	备　　注
院校巡展	①展示教材品种较多、较全，到场老师较为集中； ②营销功能远大于选题开发功能； ③活动时间、路线、内容均比较固定，组织工作要求高	适用于全社层面教材营销，市场营销人员和发行人员参加为宜； 适用于专业齐全、规模比较大的学校； 作为专项工作，分区域、长期地开展	及时回访，检验和巩固营销效果： ①教材使用情况； ②新的教学需求； ③获赠样书的管理
系部走访	①沟通角度多样，深度加强； ②教师认同度较高，教材推广和选题开发可同步进行； ③形式、时间、路线均比较灵活	适用于专业性强的出版社，或者某专业教材的营销推广； 适用于编辑部门	注重开拓，通过有效的后续工作建立更深的信任，不管是教材销售，还是教材编写，都有进一步拓展的机会
集中式会议	①主题明确，目标突出； ②教材品种以专业划分，相对单一； ③效率高，若为出版社自主召开，则投入较大	适用于专业编辑部门，要结合会议主题和相关教材品种进行营销	需要部门和编辑信息广泛，与有关单位、组织及其负责人关系比较融洽
图书展示会	①参会的出版社不唯一，图书较多，同类教材同台展出； ②不可能所有的参会代表都与本社教材相关； ③交流时间较短，信息庞杂	以经销商为主体的，市场营销人员和发行人员参加为宜； 以院校为主体的，市场营销人员和编辑参加为宜； 对于区域性的，相关的发行员也可参与	优选参加，提高人力和资金利用率

教材巡展是我社近几年来比较重视的一种教材推广活动形式，但以往的教材巡展活动，一年只能跑3～4个省。如果改由各出版中心分头开展，虽然营销的范围有所扩大，累计走访的院校数量有所增加，但无论从营销广度还是营销频率看，仍无法满足目前日益扩展的教材营销需求。

首先,教材巡展必须有专人负责组织活动和具体实施才能顺利进行,而编辑部门人手不足的问题则表现得比较突出,教材巡展与编辑业务之间会出现顾此失彼的情况。同时,我社各出版中心的教材在专业和品种上相关或重叠,这种各自为战开展巡展活动的方式,不仅使展出的教材品种上凸显不足,对出版社整体的营销工作而言是降低了效率。此外,经费投入也直接影响巡展的效果,节约了开支,路线、总时间就有可能受到限制,使活动不可能在更多的院校开展。

因此,应尽快完善、规范教材巡展活动管理办法,进行专门化管理,寻求更合理的巡展方式。各片区发行业务员、网点经销商也应对教材巡展的营销功能有清晰的认识,更多地参与进来,同时在各自负责的区域内,开展有效的营销推广活动。

二、样书管理问题及建议

样书是最直接、最有效的宣传材料。对出版社而言,如果将图书作为商品来看,它们就意味着“码洋”;如果将图书作为宣传材料来看,它们就是“纸张”。考虑到任课老师必须在见到样书的情况下才能选择教材,本次教材营销展示活动中,我们根据院校的办学情况、教学计划和课程设置,选择了部分核心院校作为试点,在图书馆、教务科或专业系部建立了样书架,并对以往样书赠阅的情况做了调研,发现了以下问题:

1)样书赠阅分散、重复:

教材巡展活动中一直采用的是填表即送样书的方式,赠阅的样书分散在老师个人手中,存在着同一学校不同的老师,要求赠阅的样书重复交叉的现象。从样书后期维护方面看,由于教师的个体性较强、流动性较大,分散赠阅的样书使得后期跟踪难度较高;就成本而言,赠书给教师个人的成本,和将整套书赠送给学校建立样书专架的成本,一次性付出的成本大致相当;从宣传效果来看,样书集中存放的效果要优于分散阅读。

2)样书管理不统一、不规范:

在教材巡展、专场展会等活动中,由市场营销部统一调书、寄发的办法,在样书赠阅管理方面规范了很多,但这往往是针对某一项工作的临时性管理,日常的宣传样书主要还是由各出版中心的编辑和院系、系部联系,各自调书寄发。由于院系选用的教材可能涉及出版社不同出版中心的产品,样书管理的不统一、不规范现象导致管理混乱、效率低下。

3)对样书的后期维护工作不足：

样书赠阅的后期维护工作不足，没有及时填补新书或收集反馈信息。

4)寄送样书不够及时：

教材巡展之后，承诺赠送的样书没有及时送达，给老师留下不守信的印象，有的因错过时间送达，延误了选书的时机。

根据上述情况，我们提出以下建议：

1)考虑到教材使用选择权在任课教师手中，在院系部统一建立样书专架，是比较有效、规范的方式。出版社首先应当制订样书管理办法，规范样书赠阅办法，建立长效机制。

2)设立样书专员在全社范围内统一管理，负责信息统计及书架维护，各出版中心积极协助，及时提供寄送清单，样书专员定期、统一完成调书、发运的协调工作。

3)样书赠阅工作需要服务部门的全力协助，及时寄发样书。

三、教材的问题及建议

教师、经销商针对我社教材反馈了如下问题：

1)教材断档问题：

①教材不再重印或者重印速度跟不上；②新版教材、替代版与旧版教材的衔接不顺畅；③物流速度慢。

2)教材修订问题：

部分教材修订速度太快，既无法充分发挥前版教材的市场价值，又不利于后版教材的更新与提高；部分教材修订速度过慢，无法满足新的教学需求，还有可能削弱作者的忠诚度，新版教材很容易流失。

3)教材内容问题：

教材中存在知识性错误和编校错误，其中既有作者稿件的疏漏，也有编辑、校对工作没有到位导致的错误。

4)立体化开发薄弱：

教材的立体化产品本身的盈利空间不大，但可以有效带动主体教材的使用范围，已经成为决定教材成败一个不可忽视的因素。我社教材的立体化程度还相对欠缺。

5)基础课、品牌教材偏少：

我社基础课偏少的原因是多方面的，而品牌教材偏少则是可以通过加大工作力度改善。

综上所述,相应地提出以下建议:

1)合理确定不再重印的教材,对存在市场潜力的教材,在修订前保持一定的库存;合理修订教材,准确、及时公布教材替代信息;优化工作流程,提高物流效率。

2)策划编辑发挥对作者的引导、督促作用,从稿件根源处保证质量,出版社完善编辑、校对队伍的人员结构、专业结构,提高其编校技能和工作认真程度。

3)合理地加大我社教材立体化开发程度。

4)加大对于重点选题的扶持力度,强化编辑的品牌意识,积极、认真申报国家级规划教材、国家精品教材以及各种有关奖项。

总之,我们需要借鉴其他出版社在教材开发的思路、做法等方面的成功经验,完善我社的教材开发模式,合理规划投入产出比,积极寻找教材新的利润点。

四、结　　语

教材营销是一项长期的工作,需要更新理念、改进方法、持续深入地开展。工作中反映出的问题应得到各方面的重视,并尽快完善,使得营销工作为出版社业务的发展发挥更大作用。

综合分析出版社的营销模式和客户信用体系

曹俊杰

随着网络的普及和信息时代的到来,图书流通渠道也悄悄地发生着变化,传统的营销模式下的图书市场在萎缩,而直销作为传统营销模式的一种补充,现在已经逐步成为主动开拓新渠道、肩负赢利目标和战略考虑的主要销售渠道之一。

一、分析传统营销和网络营销模式

图书流通渠道是出版社实现经营目标必须依赖的物流、商流的媒介和枢纽。各家出版社都是利用多种渠道分销本社图书的,现在出版社传统的销售渠道主要是新华书店和民营书店。对出版社来说,新华书店省级批发店,省会城市店,还有信誉良好的民营批零店都是最重要的客户群体,对于这些重点客户,每个出版社都投入大量的精力来维护。对于交通发达、销售量大、相对专业的零售书店,出版社也会尽可能地直接供货。但是,图书的上架率越来越不尽如人意,书店退货不商量,图书折扣越压越低,回款周期越拖越长,出版社的资金链条被销货商越缠越紧,图书批发商和零售商为应对渠道之间的竞争,采取价格手段致使传统渠道成本不断攀升。这些都是传统销售模式市场占有率下降的主要原因。要想在激烈竞争的图书市场上占有一席之地,现有的销售模式必须进行相应的转变才能更加适应市场的需求和发展。能不能直接找到专业图书特定的读者群,并直接把他们需要的书卖给他们呢?直销,这种曾被认为最古老的商业销售模式,开始在图书市场的竞争中显示出了其迅猛发展的前景。例如销售额占到了世界图书市场销售额的1/3的美国,从1993年至2003

年10年间,传统的销售渠道批发和零售书店的市场占有率下降了13.2个百分点,而直销增加了17.5个百分点。我国的图书俱乐部、网上书店等直销形式,也经历了从无到有,从少到多,从简单到规模的渐进过程。自2002年起,一些大型出版社开始建立直销中心,出版社也出现了新的部门——直销部(直销中心)。清华大学出版社、法律出版社、机械工业出版社、中国人民大学出版社和中信出版社等也相继成立了直销部,将图书的批销与直销业务分开经营,开始了真正意义上的图书直销业务。

对于出版社来说,直销这个概念并不陌生,从最初的邮购业务,发展到后来的系统渠道,还有一些出版社的自办书店或连锁店,这些都属于直销的范畴。但是,传统的直销和现在的直销中心在理解和应用上都相去甚远,改变原有的直销理念,为每一本书找到它最终的目标读者,直接向他们投递相关图书信息并形成销售,是现代直销的终极目标。从销售对象这个层面上可以把直销分为邮购、系统直销、网上直销。其中邮购和系统直销是出版社的传统直销模式,但有必要增加新的内容和进行深层的开发创新;而网上直销的模式,则需要出版社研究开发和使用,使其为图书营销的市场调研、选题策划、营销渠道和信息收集这四大环节服务。

1.邮购方式

作为出版社最古老的一种直销方式,近年来业务量一直保持着稳定发展的状况,总量上略有提高,但与出版社整体提高的比例相比,呈下降趋势。目前读者选择邮购方式购买图书的动机主要有三种。一是因地理方面原因,当地书店网点不多,读者难以买到满意的图书;二是急用但在当地一时难以买到;三是成套图书使用过程中出现缺失,希望通过邮购进行补配。从读者的角度出发,邮购需要多付出一笔邮费,增加了经济负担;同时担心图书在邮购过程中出现节外生枝的状况,产生破损,错寄等;最重要的是邮寄的速度过慢,很难满足读者迫切的要求。出版社也有苦衷。出版社因为担心遇到"野蛮读者"提出无理要求或是收到书后死不承认要求再次寄书等难缠问题,坚决死守款到发书的原则,使买卖形成速度变慢。邮费偏高、成本负担过重,邮寄手续繁琐也是出版社并不热衷邮购业务的原因。发达国家的直销图书占其图书销售总量的4%至8%,其中一半业务是通过邮购实现的,而中国这一数字连1%都不到,这说明邮购业务的潜力还很大。要想业务保持稳定并不断增加,就必须有一些新思路、新措施。首先出版社必须从思想上重视这项业务,不能只满足于坐等，不能只会寄书，要加强与读者的沟通，增强服务意识，尽可能满足读者的要求。第二，解决好出版社的诚信问题，提高邮寄的速度，根据“当当书店”近几年的跟踪调查，拒绝付款的读者还不到总数的3%，这说明读者的素质还是很高的，因此出版社大可不必为这3%而因噎废食。第三，利用各种方式发布图书的有效信息，尤其是网络这种速度快、费用低、辐射面广的方式，正好解决了邮购业务开展中信息传递和对外宣传的难题。第四，有重点地抓“偏僻”地区的邮购业务，因为这些地方书店少、图书种类少，对邮购业务的需求量也就相对较大。

2. 系统内直销

系统渠道一直是出版社重要的销售渠道。许多出版社的系统直销的总额占到出版社销售总额的相当比例，甚至一些专业性图书出版社充分利用了作者资源，如系统、部门的包销图书，它因其回款周期短、风险小而受到出版社的青睐。系统渠道关键在于“发现”，过去，系统销售是发现“成品”，也就是说系统已经有了出书意向时才被出版社发现，这种“发现”容易出现一个系统出书，多家出版社争抢的局面，争抢的结果必然是费用增加，利润降低，成功的可能性自然也就不大。如果我们提高“发现”的含金量，针对系统的需要为其策划图书，把市场运行中的一些策划方式用在系统图书的运作上，进行系统图书的策划，在系统还没有出书意向之前，出版社策划一个选题并使其接受，这样我们就可以提高自己的竞争力，在系统销售的竞争中立于不败之地。系统图书还有一个显著的特点就是图书的内容专业性和针对性都很强，销售对象是一个庞大的系统内读者群体。如何利用这种优势，针对相近的其他系统及潜在的目标读者群体推销，以实现一种图书的二次销售，这种低成本高回报的销售形式，应引起出版社的极大重视。系统渠道的维护、系统图书的策划、系统图书的二次销售以及对系统渠道的深度开发和精耕细作，都是出版社直销部门应该思考的问题，甚至可以参与一些信息收集、前期策划等工作

3. 网上直销

网上直销是补充传统销售渠道的最直接、最有效、最快捷的方式。我国大部分出版社网站建设还在摸索的过程中，且建立网站更多的是利用互联网形象。出版社在社内网上书店的建设方面之所以没有积极性，是因为每个出版社的图书品种太少，单独建立一个网上销售系统，用大量的

人力物力来维护,有些得不偿失。除非一些规模较大出版社,一般的出版社很难建立自己的社办网上书店。但是,据资料统计,2004 年我国出版图书的品种达 21 万种,而国内大部分大型书店的上架能力也只在万种至几万种左右,这意味着许多图书从生产出来的那一天起,在很多地方就不可能获得上架机会,也就是说无法通过传统的销售模式与读者见面,销售又从何谈起呢? 网络则是目前解决这个问题的最好的办法。既然社办网上书店还不成熟,又必须靠网络实现图书的二次展示和销售,以补充传统渠道所无法达到的层面,就可以考虑由单纯的网站建设转向建立联合发行渠道。将有共性的出版社联合起来,利用出版社的共性来增加规模,以补充单个出版社网站的不足,并降低网站建设和维护的费用,强强联合,形成合力。由人民出版社发起,多家出版社参与的网上电子商务平台"人民时空"网站已经取得了成效,这种以出版社为根基,以推进出版业网络信息化为目的的网上直销形式,得到了很多出版社的认可。

网络营销的特征:

(1)节省开支,便于控制营销预算,这是网络营销最具诱惑力的因素之一。在电子化情况下,有关产品的特征、规格、性能以及公司情况等信息都被存储在网络中,顾客可随时查看。这样就省下了打印、包装、存储及运输费用;所有营销材料都可直接在线更新,无需送回印刷厂修改,更无需专门人员邮寄;另外,网络一旦建起来,它就归企业所有,与利用传统媒介的高额费用相比,企业通过网站进行营销的费用大大降低。

(2)即时传送和反馈。网络营销的第二个特征是即时性,体现在两个方面:企业发送营销信息的即时性;获取顾客反馈的即时性。从企业方面来看,企业利用传统媒介不可避免地要支付一定的时间成本。因为从媒介谈判到发送时间排定直至顾客接受必然有一个时间跨度,但企业如果利用网络营销则可以节约这部分时间成本,获得即时性优势。这主要是因为网络所有权属于企业,可以随时利用网络的 BBS 等方式向外发送信息,实现营销信息的即时更新。从获取顾客反馈方面来看,企业利用传统媒介要花费大量的时间和费用,通过企业内部营销管理机构或社会咨询机构收集顾客反馈信息。而在网络营销中,企业可以通过电子邮件以及企业网络内置聊天室等方式获得顾客对于企业营销措施的直接反馈。

(3)消费者变被动为主动。在传统营销中企业是主动方,而消费者是被动方,企业通过各种媒介向消费者主动发送信息,如果媒介覆盖面足够大，消费者只要接触一种媒介就可能接受企业营销信息。但是在网络营销中，如果消费者寻找信息的动机低落，或是根本不知道企业网站，网络营销就不会有什么影响力。因此，消费者能否主动点击进入企业网站查询信息成为企业网络营销能否成功的先决条件。

与传统营销方式相比，网络营销具有无可比拟的优势，但网络营销的有效运作是以企业能够引导消费者进入企业网站为前提的，而这一工作不可避免地要由传统营销来完成。因此，网络营销还不能取代传统营销，只有将其与传统营销有效整合，才能使企业的整体营销策略获得最大的成功。

二、目前流行的网络营销模式

1. 网络广告

网络广告是指通过信息服务商（ISP）进行广告宣传而开展的促销活动。它主要实施"推战略"，将企业的产品推向市场，引导广大消费者认可。网络广告有如下几种常见的形式：①旗帜广告。网页上的旗帜广告大多是动态旗帜广告，引起浏览者的注意，具有宣传面广、影响力大的特点。②赞助式广告，是指把广告主的营销活动与网络媒体（网站或网页）本身的内容有机地融合起来，并取得最佳的广告效果。③按钮广告，即图标广告，它显示的只是公司或产品或品牌的标志，点击它可连接到广告的站点上。④关键字广告，关键字广告的最大优点是有助于在网站上寻找目标群体。⑤插入式广告，即"间歇广告"、"弹出窗口式广告"，当用户点击进入某些网页时会跳出一个小窗口。⑥文字广告，它是以文字的形式出现在 Web 页上，一般是企业的名称，点击后连接到广告主的主页上。⑦邮件列表广告，又称直邮广告，利用网站电子刊物服务中的电子邮件列表，将广告夹在读者所订阅的刊物中发给相应的邮箱所属人。

2. 网络公关

网络公关主要是利用企业的网络站点树立企业形象，宣传产品，提高企业及其产品知名度与美誉度的促销活动。它利用一定的手段唤起人们的好感、兴趣和信赖，加强沟通与交流。

3. 网上销售促进

网上销售促进是企业在网络销售活动中，采用一系列能激发需求、激励购买的促销方法的总称。它主要有：①有奖促销，是指提供的奖品能吸引目标市场的注意，以此促进销售。②免费促销，就是通过为访问者无偿提供他们感兴趣的各类资源，吸引访问者访问，提高站点流量，并从中获取收益。③网上折价促销，这是一种常用的促销方式，所节省的费用，通过折扣的形式转移到顾客身上，使顾客充分领略到现代交易方法的优越性。④网上赠品促销，在新产品推出试用、产品更新、对抗竞争品牌、开辟新市场的情况下，利用赠品促销可以达到比较好的促销效果。⑤网上抽奖促销，是指以一个人或数人获得超出参加活动成本的奖品为手段进行商品或服务的促销，网络抽奖活动主要附加于调查、产品销售、扩大用户群、庆典、推广某项活动等。⑥积分促销，一般是指设置价值较高的奖品，消费者通过多次购买或多次参加某项活动来增加积分以获得奖品。⑦拍卖促销，就是将产品不限制价格在网上拍卖。

4. 网络营销站点的促销

它是利用各种网站的推广策略，扩大站点的知名度，吸引网上流量访问网站，起到宣传和推广企业，以及企业产品的作用。它主要实施“拉战略”，具有直接、快速、简便、费用较低等特点，且成交的可能性较大。

三、网络营销模式的应用范围

1. 在宣传领域中的应用

网络营销具有重要的信息优势，提供了直接接受顾客需求信息的技术支持。出版商在发布信息的同时可以通过网站，及时、直接、准确获取读者的产品需求信息，提供完善的售前服务；读者在收集信息的同时也可以实现双向互动的信息交流。互联网络能使出版社与读者之间建立一种互动关系，并用较低的价格提供完善的商品和服务，有利于节约读者的总成本、增强出版行业服务质量、提高出版行业的经营效率。在网络宣传中，所谓互动的概念应理解为直接的沟通。网络传播之所以超越大众传播正在于这种互动性，网络宣传实际上融合了过去所有宣传形式的特点，所以在网络中，人可以无屏障地直接同他人交流。因而，网络宣传的互动性是一种更高程度的回归，它既具有人际传播的直接性的特点，又具有大众传播的广泛性的特点，提供了一种全球范围直接交往的可能性。在人际传播上，基于互联网的直接互动性，互联网宣传的人际传播特性可以整合图书的营销环节，从图书的目标受众定位开始，通过网站提供售前宣传，使目标受众转化为潜在的购买者，利用电子邮件问询等形式帮助目标受众打消顾虑，鼓励行动并通过便捷的在线销售将他们转换为实际用户，之后的售后服务和个性化增值服务则可以借助互联网实现，使现有用户成为忠诚用户。在这个意义上，网络营销达到了一对一的精确营销效果，避免了传统宣传模式的昂贵成本。

2. 在销售领域中的应用

在传统的图书销售模式中，存在许多无法解决的难题。传统的发行方式主要是订单模式，订单几经周折返回，不但周期长、成本高，而且信息传递不全。现货发行模式虽可以较快地发行，但容易造成退货和库存，增加了经营成本，难以提高经营效率。网络营销基于充分的信息收集、研究和利用网络客户征订系统进行出版物的征订，传递速度快，商业信息及时准确，使商品和服务的供给和需求在时间上、空间上缩短了距离，使买卖双方之间的脱节得以克服。出版社通过客户关系管理简化业务流程，加强与客户交流，同时信息的充分沟通，根据读者的不同需求实现“按需出版”，科学规划经营策略，不会产生大规模的退货和库存积压，甚至部分图书品种能够实现零库存，从而节约经营成本，提高经济效益，这是传统的发行工作效率所望尘莫及的

3. 在售后服务领域中的应用

售后服务一直是困扰网络营销的难题，也是网络营销模式进一步探讨的要点之一。因为售后服务一直以来都是网络营销相对薄弱的环节。网络营销模式往往由于与消费者相距太远或者投资售后服务中心费用太高而很难提供良好的售后服务，从而大大限制了网络营销的发展。如何使物流企业协助网络营销公司完成售后服务，提供更多增值服务内容，如跟踪产品订单、提供销售统计、报表等，进一步增加网络营销公司的核心服务价值，提升网络营销公司的品牌价值和用户忠诚度等问题亟待完善。

因此,网络营销企业要在市场上占有一席之地,必须提高售后服务水平,提供人性化的售后服务解决方式,引进客户关系管理系统,以客户为中心,开创出全新的网络营销售后服务模式才是上策。

4. 在版权贸易领域中的应用

利用网络营销的方式开展版权贸易可以节省大量的人力、物力的投入,通过互联网进行咨询和洽谈可以跨越面对面洽谈的限制,提供多种方便的异地交流方式,突破了传统版权贸易在时间、空间上的限制。各种相关文件在网上可实现瞬间传递,大大节省了传输时间,而且还能有效地减少因纸制文件中数据重复录入导致的各种错误,对提高交易效率的作用十分明显。互联网和电子邮件在向海外发送文稿方面也确实很有优势,比如减少许多印刷工作量和节省大笔邮费。交易成本的降低还表现在由于减少了大量的中间环节,使买卖双方可以通过网络直接进行商务活动,交易费用明显下降。利用网络营销的方式来开展版权贸易是对传统贸易方式的重大突破,是创新贸易方式的有益探索。

四、通过网络营销如何维护与客户的良好关系

在出版业竞争激烈的背景下,赊销,或称为信用销售,已经成为出版社进行市场竞争的常用手段。然而,综观整个出版界,建立在现代信用服务基础上的赊销管理却并不健全。对哪些客户赊销,赊销额度如何制定,如何根据销售周期调整额度,如何处理信用控制与市场开拓之间的矛盾……要解决这一系列问题,使出版社保持良性、可持续发展,必须建立一整套严格的信用销售管理体系,来审核、控制、监督信用交易,识别信用风险,减少赊销损失。

1. 赊销的信用风险

赊销意味着授信人给予受信人的未来付款承诺以信任。信用交易即赊销的优点至少有三个:一是能够刺激购买力,对那些资金暂时有困难的书商,赊账无疑具有强大的诱惑力;二是赊销能够提高卖方的竞争力,一家有能力赊销的出版社显然比没有赊销能力的出版社具有更强的市场竞争力;三是赊销能够起到稳定客户的作用,对信誉好、实力强的客户提供赊账作为优惠条件,为保持长期稳定的客户关系提供了

保障。

然而,赊销是一把双刃剑。过度的赊销,或者说信用控制太松,会造成出版社的财务成本上升和坏账风险提高。

(1)过度赊销造成应收账款占用大量流动资金。

(2)赊销会产生坏账。

(3)过于宽松的赊销政策会产生"道德风险"效应和"逆向选择"效应。

出版社的发行人员为了实现更好的销售业绩,总是希望用足赊销政策,而不顾客户的信用状况,这是内部的"道德风险";另一方面,客户为了把生意做得更大和有更多的资金周转,也会尽量用足赊销政策,甚至超出他本人的信用能力,这是外部的"道德风险"。

一般来说,信用意识比较强、对自己的信用比较重视的客户会根据自己的能力赊账购买,而信用比较差的客户则会想方设法用足赊销政策,甚至恶意赊购。结果是大部分的账款赊给了信用不好的客户,而信用好的客户并没有得到更多的优惠,这就是"逆向选择"效应。

2. 动态、系统地制定赊销政策

系统地管理赊销是一个很大的课题。许多国际性的出版企业都有专门的信用控制部门,这是从管理体制上把赊销管理作为一项独立而重要的工作。还有不少文章探讨了信用管理的具体工作,如建立客户的信用记录、根据信用记录决定赊销政策等等,对这些问题不再赘述。下面主要探讨一些制定合理的赊销政策的具体步骤和实用的原则。

(1)动态与自上而下的管理原则。出版社传统的赊销管理是静态的,自下而上的。所谓静态,就是每年到年底考核一下"销售回款率";所谓自下而上,就是由各个发行人员行使赊销决策权,自行决定如何赊销,最后汇总到出版社领导,再由领导判断赊销政策是太松了还是太紧了(对许多出版社来说这样的判断也没有)。这样的管理无疑是模糊的、滞后的。要改变这种状况就要引入动态的、自上而下的赊销管理。所谓动态,就是要在任何一个时点上都清楚目前的赊销政策是否合理,对某个客户的赊账额度是否超标;所谓自上而下,就是业务员在考虑给某个客户多少赊账额度(信用额度)和赊账期之前,应该首先从全社财务管理的角度考虑可以给所有的客户多少信用额度和多长的赊账期。

(2)动态考察销售回款率。许多出版社在考查赊销管理的时候,比

较关心的是“销售回款率”，也就是有多少销售收入是变成现金收回来了。这个比率是不完善的，因为它完全没有考虑赊账期。举例来说，两笔都是1月1日卖出去的赊账销售的书，一笔1月2日就回款，另一笔12月31日才回款，用销售回款率来看是完全一样的，回款率都是100%。但实际上这两笔赊销业务有本质区别，一方面占用出版社的资金状况不同，一个只占用了一天，另一个占用了一年，相应的财务成本不同；另一方面风险也不一样，时间越长风险越大。

静态的“销售回款率”只是一个变相的坏账率指标，“销售回款率”过低预示着坏账率可能比较高。但如果需要对未来的信用风险作出预期，动态的分析这个指标更有意义一些，如果指标逐年降低表明赊账政策越来越宽松，未来的坏账率也可能越来越高。

(3)应收账款周转率。赊销管理还需要关注另一个指标“应收账款周转率”，即出版社的应收账款在一年中周转了几次。什么才是合理的应收账款周转率呢?

首先应该根据出版社给予客户的“一般赊账期”。比如说某出版社给书店的一般赊账期是90天，那么“应收账款周转率”就约为4(365天除以90天)。要特别指出的是，这是出版社给予“一般”客户的赊账期，不是给大客户的优惠政策，它必须能够体现出给所有客户的平均待遇。这个期限往往和客户的订货周期(或补货周期)是一致的，如果客户平均是90天补一次货，按照惯例总是要把前一次补货的货款结清，那么赊账期也就是90天。这样的惯例恰恰体现了赊账销售的基本原则：赊账是为了不占用或少占用经销商的资金进行销售，当销售完成就应该结清账款。而现实的情况则是书商占用了出版社大量的资金在做与销售无关的事情。

其次要和出版行业的平均水平相比较。出版社应把应收账款周转率的目标定位在高于行业的平均水平。低于行业平均水平是危险的，更加容易发生前面所讲到的“道德风险”效应和“逆向选择”效应。

最后也要结合出版社的战略目标进行微调。如果出版社的战略重点是拓展市场，提高产品的市场占有率和知名度，对利润要求不高，财务状况也比较宽松，那么适当地可以把目标的应收账款周转率放低一些。如果出版社的战略目标是稳健经营，可以把目标的应收账款周转率放高一些。

(4)平均应收账款金额。平均应收账款是控制赊销额度的重要指标。平均应收账款就是一段时间内出版社应收账款余额的平均数。例如一家出版社 1 月 1 日的应收款余额是 100 万元,1 月 2 日有人还了 10 万,应收款余额是 90 万元,1 月 3 日又做了一笔 14 万的赊销,应收款余额是 104 万元,那么这 3 天的平均应收款就是(100 + 90 + 104)/3 = 98 万元。根据实际的需要,应收款可以按日平均,也可以按周平均或按月平均。

出版社的目标平均应收账款金额可以通过目标销售收入和目标应收账款周转率确定:

目标平均应收账款金额 = 目标销售收入/目标应收账款周转率

目标销售收入是容易确定的,出版社每年都会有销售收入的预测和目标,这个数字就可以用在公式里。在销售波动不大的情况下,上一年的数字也可以用在公式里。

控制住平均应收账款金额,也就控制住了赊销金额与赊销期的总量,这个总量就是日平均应收账款金额乘以 365 天。用前面举过的例子,两笔都是 1 月 1 日卖出去的赊账销售的书,1 月 2 日回款的由于只赊欠 1 天,对平均应收账款金额影响不大;而 12 月 31 日回款的则实实在在地增加了平均应收账款金额,这样的业务当然不会受欢迎。

运用平均应收账款金额可以对赊销进行动态管理,而不是到每年的年底才去关心回款率。

对于销售比较平稳的出版社来说,应收账款金额应该保持在目标平均应收账款金额左右。在实际运用中,情况可能更加复杂,因为图书的销售也有旺季和淡季的区别。比如教材类图书在开学前就是销售的旺季,礼品书在春节期间是销售的旺季等等。

相应地,应收账款金额的曲线也会呈相似的形状,但是要注意两点:①应收账款金额曲线与销售额曲线之间有一个时滞,时滞大约为一个"一般赊账期";②平均数仍应该等于平均应收账款金额。

根据以上两点,可以大致推算出每个时点上的目标应收账款金额,也就可以得出赊销的额度。

上面的方法虽然比较复杂,但是可以用于动态监控赊销政策。如果发现实际应收账款金额始终高于目标数,除非是销售额大大超出预期,应该适当收紧赊销政策;如果发现实际应收账款金额始终低于目标数,则可以进一步放宽赊销政策。在具体操作中,没有必要精确到每一天,可以推算到每一周或每一个月。当然时间的精确度越高,动态管理的效率也越高,但是管理的成本也越高。

3. 赊销政策的制定过程

(1)根据出版社给予客户的“一般赊账期”、出版行业的平均水平和出版社的战略目标,确定合理的应收账款周转率。

(2)根据目标销售额计算目标平均应收账款金额。

(3)根据出版社的销售特点确定动态的每个时点上的目标应收账款余额。

(4)将总的赊销额度按照客户的信用状况分配给客户。

有效的赊销管理除了需要合理的赊销政策外,还需要详细的客户信用记录。出版社自身的信用管理水平直接影响整个出版业的信用体系的完善。如果每一个出版社都致力于建立一套严格的赊销管理制度,那么出版业就有了良性循环发展的基础。这有助于逐渐把大部分有坑蒙拐骗和不良投机行为的从业者清除出市场,将技术、资金、资源和人才逐渐集中到管理水平高的市场赢家手中,从而最终创造管理规范、竞争有序的市场环境。

总之,网络营销作为新的经济增长点,与传统的营销模式一起成为了出版业发展的两个方面,只有这两个方面都得到了发展,出版社在未来的竞争中才能立于不败之地。

图说我社2008年交通地图品种库存状态及分析

——浅谈出书节奏的把握

席少楠

俗话说:一张一弛,进退有度。图书的出版节奏有其自身的规律性。通过2008年全年对我社交通地图产品的出入库监控,我发现了几条有趣的曲线,从中可以看出图书全年的出入库情况,从而发现一些问题;通过对这些曲线的分析,可以推测出理想图书出入库的状态,从而对出书的节奏有一定掌控。

坐标横轴我称之为时间轴,是以“近周”为单位,用T表示,共52个,代表全年52个星期,“1”代表“最近1周”,距“0”近的是近期时间,距“0”远的是以前的时间,即横轴从右至左是当年1月1日至年底12月31日的顺序。

之所以出现从左至右是“现在”—“过去”的顺序,而不是反过来,是由于在做每周的统计时,EXCEL表是这样做的,见表1:

表1

书号	责编	书名	版次	出期	定价	包本	11.17M

最后一栏是“库存”,以统计的日期命名,如果有新的数据就加在旧日期前,见表2,以此类推,可以保证前面看到的数据总是最新的。这样形成的柱状图横轴自然就是“近周轴”。

表2

书号	责编	书名	版次	出期	定价	包本	11.24M	11.17M

坐标纵轴称之为数量轴,以“入库数量”为单位,用N表示,根据该书印数不同而定,顺序是平常习惯的从低到高数量增加的顺序。

所有新书刚入库时是发行马上过单出库的高峰，数量大，间隔时间短，曲线会陡一些，随着时间推移，越近“0”点的曲线越缓和，这是所有状态曲线的一个共同点。

最简单的第一种曲线：

图1表示该书只印一次、当年无重印、全入全出的情况。这种情况的好处在于，印数控制较好，无重印成本，到年底刚好库存为0。当然这是理想状态，一般的状况是有少许库存，到年底还会有少量退书，所以曲线不闭合于0，有时近0处还会稍向上扬。

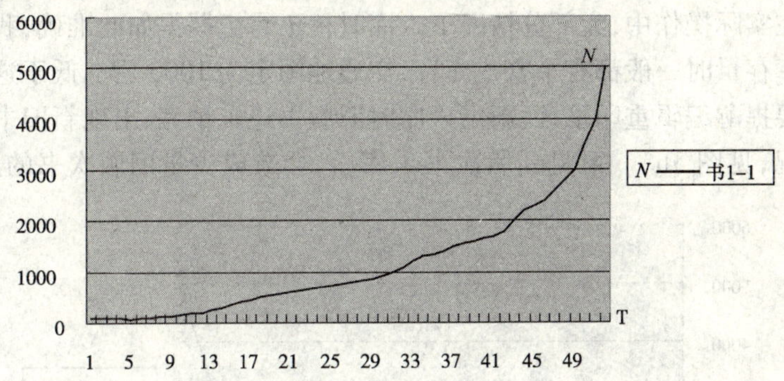

图 1

第二种曲线：

图1的情况一般出现在单张图或印量少、市场需求不大的品种上，因为这对库房有很高要求，要一次性全部入齐。图册一般不会出现这种情况，首先是装订厂不可能一下装出所有图册，一般库房从科学管理的角度也不会要求图册一次性入齐，都是分拨分批地入，既保证市场供应，又不会占太多空间，见图2。

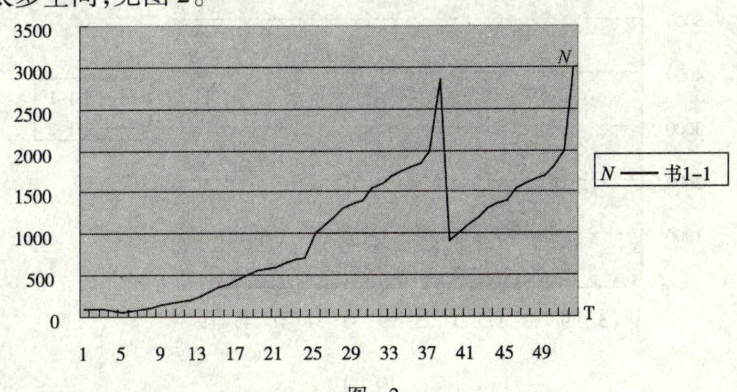

图 2

第三种曲线：

图 1 和图 2 虽然减少了重印成本，但对于交通地图来说，资料是随时在变的，所以隔几个月要更新资料、重印一次，一般年初的新地图当年重印 1 ~ 2 次是很好的现象，再多了说明市场调查不够，印数较为保守，增加了重印成本。对于内容不变的畅销书也会有多次重印的现象，此时曲线变为 2 条及以上。

图 3a) 中，曲线 a 是 1 版 1 次的新书，曲线 b 是 1 版 2 次的重印书。可以看到，理想状态下，a 库存为 0 时正好 b 入库。

在实际操作中，大部分情况下入库时机不易把握得如此准确，我们在监控库存量时一般都有个警戒库存，交通地图定为 1000 册。低于这个库存就要提醒编辑重印了，而新书入库时旧版书还未销完，出现新旧书共存的状况，见图 3b)。可见新版次书入库后，会造成少量旧版次书的退货，

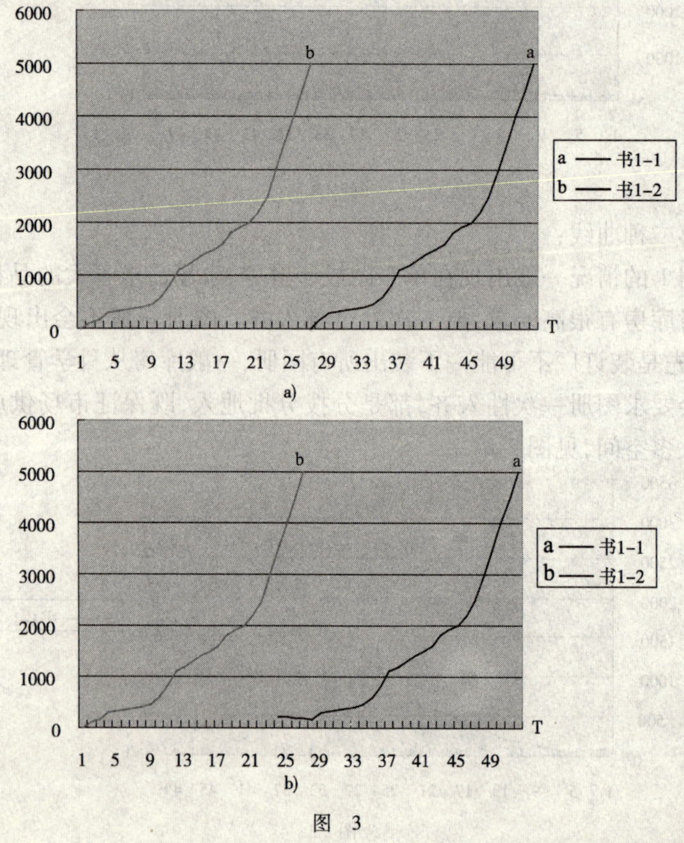

图 3

只要在可接受范围内,说明入库时机还是较好的。

第四种曲线:

有重印的图册曲线是交通地图比较主流的线型。图4a)也是比较理想状态下,印数合适,库存为0,新版次入库时间与旧版次库存契合较好;图4b)是存在问题的地图状态曲线。

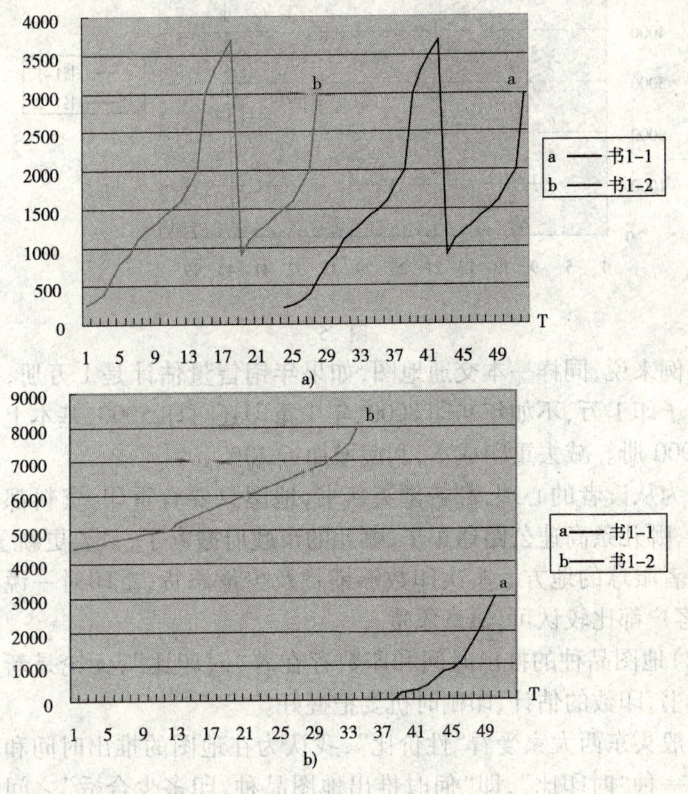

图 4

首先,1版1次印数较保守,使曲线在极短的时间内库存急剧为0,1版2次书来不及赶出来,出现入库断档;其次,1版2次书印数又过于乐观,造成年底还有大量积压,旧书卖不动,占着库位,又影响次年年初的新书入库,造成恶性循环。这种情况是要极力避免的。

以上是对市场销售的图书状态进行分析,包销图书的曲线很简单,见图5。

通过对以上几种情况的分析,得出以下结论:

（1）地图品种有一次重印比年初一下印够，当年无重印的情况发行量要大，性价比要高。这种情况的前提是：入库时机把握较好、印数预计合适。

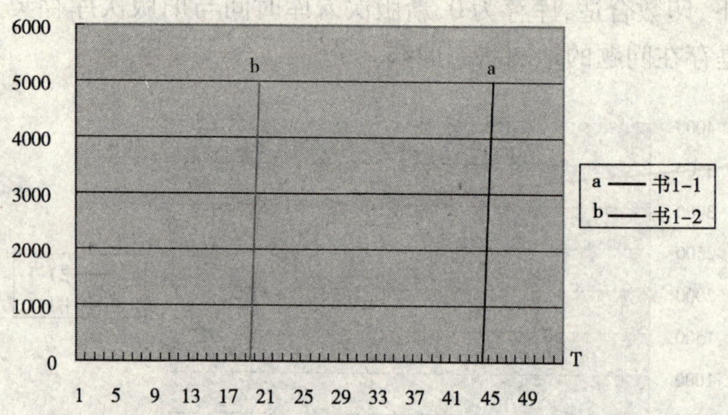

图 5

举例来说，同样一本交通地图，如果年销售量估计是 1 万册，那么年初一下子印 1 万，不如年初印 8000，年中重印还可印 5000，基本上一年可多销 3000 册。减去重印成本，利润增加近 20%。

因为从读者的心理，都希望买新书，地图只要有重印，资料都会更新一部分，哪几条高速公路通车了，哪儿的市政府搬家了，只要更新了，都是吸引读者眼球的地方。头次印数够铺货及少量添货，重印时一说新加了资料，客户都比较认可，愿意添货。

（2）地图品种的推出时间和印数存在着"时印比"，无论是新品种还是重印书，印数的估计、印刷时机要把握好。

一般买东西大家爱看"性价比"，我认为在地图的推出时间和印数上存在着一种"时印比"，即"何时推出地图品种，印多少合适"之间也有种最佳关系。

对于新书来说，有种老观点认为地图新书只在上半年推出较好，通过 2008 年的统计和实践，我认为对前期投入成本不太高的地图新品种，即使 9 月份能入市，印 5000 册还是没问题的。如果像里程图那样的重点图书，还是第一季度推出比较合适，印数能大些。

对于重印书来说，通过曲线不难看出，图 4b）的情况是一定要避免的，在印数的估计、入库时机的把握上要吸取经验，避免出现类似情况。交通地图在年初时的新书要占全年计划印数的 60% ~70%，年中重印一

次,印数占全年计划印数的30%～40%,重印5000册是性价比较好的印数。重印时机也很重要,印5000册最晚不晚过8月份。

地图与一般科技图书的出版发行相比,有其自身的规律性。掌握好这些规律对我们今后的选题策划、营销发行都有帮助。相信这些实际统计出来的数据会引起编辑的思考,努力促使新的选题画出完美平滑的震荡曲线。

努力打造自己的图书品牌

王　婧

我们知道，可口可乐、耐克、IBM、奔驰等企业的产品，通过强大的品牌影响力，在世界各地攻城掠地，获取了非常高的市场份额，赢得了超高的商业利润，令人羡慕不已。其实，这些产品的生产地和生产厂，往往是在第三世界某个国家，由那里的厂家进行贴牌生产甚至设计，也就是我们常说的OEM、OED，但生产出的商品价格则高出了原厂家本地产品的几倍、几十倍。这就体现了品牌的强大的力量。

图书作为一种商品，其品牌情况又是如何呢？

一、图书品牌的要素、重要性

在当前竞争激烈的图书市场上，出版社必须要具有自己的品牌，并且使这一品牌能被广大顾客和市场销售商认可，出版社才能更好地生存，进而才谈得上发展。

一般来说，品牌并不是指产品的商标标识，而是一个企业产品或服务外在质量与内在品质的综合体现，能与其他企业的同类产品相区别，能代表公众的接受和客户的认可程度。

品牌图书的要素，一般包括优秀的作者、高水平的内容、精美典雅的版式装帧形式、独特个性的封面设计、较高的编校和印刷质量，以及应有的传媒影响力和公众认知度。图书品牌也包括三个层次：个别图书所形成的品牌；系列图书或某一类图书所形成的品牌；在多门类、多系列方面形成众多的图书品牌而使出版社成为品牌出版社。

就单个的例子而言，商务版的《新华字典》、《现代汉语词典》，上海辞书版的《辞海》，浙江教育版的《少年儿童百科全书》等，都是单种图书品

牌的代表;商务版的语言工具书类图书、"汉译世界学术名著丛书",清华版的计算机类图书,春风文艺版的"布老虎"丛书,则是某一类图书或系列图书的品牌;而商务(语文工具书、"汉译世界学术名著丛书"等)、三联(中外文化学术著作)、中华书局(古典文献)、外研社(外语教学类图书)、上海辞书(语文工具书、专科词典)等则成为名牌出版社。

图书品牌非常重要,根据2008年9月开卷的监控数据,100家大书城码洋占有率领先的前3家出版社——商务印书馆、外语教学与研究出版社、机械工业出版社,码洋占有率达到了10%。这些出版社出版的图书成为了读者购买同类图书产品的首选。

二、科技类图书品牌建立的特点

图书与耐用消费品和快速消费品不同,它是由内容来决定的,图书属于弱品牌属性的商品。在科技类图书的品牌方面,则更是有自己的特色。因为科技类图书有较强的专业性,由专业读者来选择,受消费群体面窄的限制,其品牌属性就更弱了。具体来说,科技类图书的品牌特点如下:

(1)科技类图书的核心在于内容,而内容是专业读者可以辨别的,翻阅即能判断其价值,因此它属于非常弱品牌属性的商品。

(2)科技类图书的专业性较强,属于分众中的小众产品,知名度难以建立。

(3)更关键的一点,科技类图书生产依赖于高水平的专业作者,而不是出版社。作者的权威性和知名度并不能被某家出版社垄断,专门为某一出版社写书。因此,读者对某出版社的科技类图书品牌的美誉度、忠诚度难以确立,除非出版社下特殊的功夫。

科技类图书整体树立品牌难度较大,但也不是绝对不能的。例如,出版社在某一具体细分板块吸引并选择高水平的权威作者、多编辑出版有高质量、有特色的书,通过细分市场的规模优势扩大影响,逐渐吸引作者和读者的注意,在经销商中建立良好口碑、进而树立品牌还是可行的。出版社应在此方面多花功夫,精细策划选题,与优秀作者建立起较密切的联系,推出一系列富有特色的图书,通过专业媒体如科技报纸、期刊进行宣传,先声夺人,在分众市场提高知名度和美誉度,逐渐巩固自己的特色,使读者产生一定的忠诚度,进而树立起品牌。

例如,北京科学技术出版社的眼科图书出版,就充分利用了首都北京专家学者集中的优势。北科社与北京同仁医院的专家、教授、临床名医等合作,通过多年积累下来的人脉和热心周到的服务,推出了一批学术价值较高、内容质量上乘、印刷装帧精美的优秀的眼科专著。例如,《视网膜脱离诊断治疗学》、《复杂病例白内障手术学》、《屈光手术学》、《临床眼黄斑病学》、《同仁眼外伤手术治疗学》等。这些专著受到了医学界读者的广泛欢迎。

不但注意图书内容,北科社还在宣传推广上做了许多努力。他们在《健康报》、《世界医药世界》等报刊上登刊书讯,在《中华眼科学杂志》等专业期刊上介绍眼科图书,在眼科医生中进行宣传。该社还经常派编辑参加眼科学术会议,向专业人员介绍图书,赠送《效率手册》等。通过这些工作,北科社眼科图书逐渐在这一细分市场方面上产生了一定的影响。根据开卷图书的调查统计,该社眼科图书已进入了眼科图书市场占有率的前三名。这样,眼科医学读者在购买图书时,第一个想起的,就是北科社的眼科图书。这样,科技图书板块品牌建立就取得了一定的成果。

类似的情况,还有电子工业出版社的计算机图书板块、辽宁科学技术出版社的建筑图书板块等,都是采用了在细分板块进行品牌打造的战略,并都取得了不俗的市场效果。

三、科技类图书品牌建立的新尝试——图书系列化

近年来,许多出版社在科技类图书品牌构建上做过一些新的尝试,方法之一,就是图书产品的系列化。也就是说,通过某一系列图书,不断强化系列图书的知名度和影响,从而在读者中树立品牌。

成系列地推出某一作者的图书某一类,有利于强化作者的知名度,扩大影响,积累效应明显。如果按一定周期推出后续产品,在先期产品有吸引力的情况下,还能增加书店和读者的期待,像房地产开发商“捂盘”一样,通过“饥饿效应”扩大影响和销售量。这一系列图书被市场销售商和顾客认可后,图书系列品牌就能建立起来。这确实是一个行之有效的图书品牌建立方式,大众畅销图书《哈利·波特》的品牌,就采用了系列图书建立的方式,从“哈一”到“哈七”,知名度、美誉度直线上升,在少年儿童读者中牢牢树立了忠诚度,成为“哈迷”。我们在科技类图书品牌创立中,也应进行借鉴。

同样,湖南科技出版社的《时间简史》系列图书,畅销十多年,累积销

售几十万册，已成为一个品牌，也是采用了系列图书不断强化的方式。《时间简史》系列包括最初的《时间简史——从大爆炸到黑洞》，以及后来的《时间简史（普及版）》、《时间简史（10年增订版）》、《时间简史（插图本）》等，它们都是传奇科学家霍金的作品，湖南科学技术出版社通过系列图书的方式，使其品牌得到了建立和延伸；陕西师范大学出版社自2001年始出版的《中国自助游》一书，连续7年中国最畅销自助游手册，同时也带动了其社版其他一系列自助游图书的销售。

四、图书品牌的维护——不断积累强化

树立科技类图书品牌是一个不断积累、巩固和强化的过程，需要出版社在各个方面进行长期的工作，短期行为是不行的。出版社应根据作者资源、编辑资源、图书内容定位、产品装帧理念和市场营销策略等要素，持续打造属于自己的品牌图书产品。

从图书产品上说，出版社应选择权威作者，做好产品的内容和包装策划，在已有的作者资源和板块影响的基础上，吸引更多的优秀作者，编辑出版更多的优秀图书品牌，不断延伸打造、强化细分板块的图书品牌，扩大图书的后续产品线。

根据开卷监测，2008年9月，机械工业出版社的在架占有率为3.67%，成为了100家大书城中在架品种最多的出版社，化学工业出版社名列第二，在架占有率为2.84%，排在第三名的是清华大学出版社。这三家出版社在架占有率明显高于其他出版社在百家大书城当中的码洋占有率。这在一定程度上说明以机工社、化工社为代表的高在架占有率出版社在卖场中占据了相对较多的货位，而且其在架品种数所占卖场中全部在架品种的比例已经高出了本社在大书城卖场当中的动销品种占有率和码洋占有率。换言之，这些出版社的“货架占领”策略保证了本社图书与读者见面的机会，从而促进了图书销售并保持本社市场份额。这也反映出科技社、专业社需要以较多的在架品种数来弥补图书在架动销率低的不足，因此往往能够拥有比动销品种占有率以及码洋占有率更高的在架占有率。

所以，要紧跟社会和市场变迁，及时推出相应的科技图书，以保持品牌的市场影响力。否则，逆水行舟不进则退，激烈的竞争会削弱原有图书的影响力，市场占有率降低，严重情况下，在业内甚至有被淘汰出局的

危险。

从市场营销上说，出版社要加大营销推广的力度，通过平面媒体、网络媒体、视听媒体等，从多个角度、多个波次进行全方位、立体化的宣传推广，因为“好酒也怕巷子深”，在当今激烈竞争的市场经济和信息爆炸的情况下，争夺眼球的重要性，自不待言。在进行宣传推广进行信息传播的同时，还要做好物流配送工作，以保证通畅的渠道铺货，否则，读者看不到产品，商家说的再好，也等于零。

五、不容忽视的力量——网络

2008 年 7 月，第五次全国国民阅读调查结果公布。据统计，2007 年，我国国民图书阅读率为 48.8%，比 2005 年的上一次调查结果微升0.1%，这是自 1999 年此项调查开展以来图书阅读率首次上升。在 1999 年、2001 年、2003 年和 2005 年进行的前四次调查中，这一数字分别是 60.4%、54.2%、51.7% 和 48.7%，呈连年下滑趋势。但考虑到近两年来我国社会发展的整体进步水平、国家有关部门对读书的倡导与推动力度，这一数字无论从绝对数值和相对数值来看，仍不能令人乐观。

“全国国民阅读调查”是为了解全国国民阅读倾向、发展趋势与文化消费现状而进行的一项连续性、大规模的基础性国家工程，调查内容包括国民用于阅读书报刊、音像制品、电子出版物及网络出版物等各类出版物的时间及购买数量；读者购买出版物的渠道、阅读倾向；国民家庭藏书情况；国民版权意识等。此次公布的，是去年 8 月至今年年初进行调查的结果，调查涉及 56 个城市，覆盖了我国 29 个省、自治区和直辖市。调查的有效样本量为 20800 个，其中，农村样本比例由以往的 20% 提高到了 25%。

调查数据显示，报纸以 73.8% 的阅读率高居我国国民阅读率首位；杂志阅读率比 2005 年增长 10.5%，以 58.4% 超过图书阅读率，排在第二位；互联网阅读率比 2005 年提高了 17.1%，迅速拉近了与图书阅读率的距离，以 44.9% 位列第四。考虑到文化娱乐类、家居生活类期刊在期刊阅览率中分别占 45.9% 和 39.7%，与纸质图书的实际阅读状况相综合可以看出，目前纸质读物的“浅阅读”趋向愈加明显。

互联网阅读率大幅攀升，表明新一代读者的阅读习惯正在发生根本性变化。电子读物拥有越来越多读者也印证了这一点——调查显示，在

过去一年中，有近两成有读书习惯的国民阅读过电子图书，“听说过”电子书的人占全部被调查总数的47.4%。据估算，目前，全国固定阅读“手机报”的人约为251万，固定阅读电子杂志的人约为227万。

将互联网视为传播媒介已是不争的事实，其跨时空、覆盖全球、以多媒体形式双向传送信息和信息实时更新等特点，是其他媒介所无法比拟的。网络营销可以将图书的属性及价格信息传递给目标读者，实现互动，网络营销还能满足消费者对购物方便性的需求，提高消费者的购物效率，消费者可坐在家中购买图书。这种营销方式已经是科技发展的必然趋势之一。

网络营销可选择与大型网上书店如当当网或结合图书专业特点选择一些有专业特色的网上销售店合作，也可以开办自己的网站进行营销。对于专业科技图书，有实力的出版社选择后者更有利，因为开办自己的网站，不仅可以强化自己的品牌宣传，还可以收集到许多有用的信息，如读者的详细情况，图书的销售排行，读者关心的专业新动向等信息，为出版社选题策划，做好读者信息服务工作等有很大帮助。

总之，出版社要通过各种方式，从图书作者、内容、装帧、宣传推广、后续产品线、细分板块等各个方面着手，持续打造图书精品，不断扩大图书的知名度、美誉度，以便在读者和经销商中不断强化科技类图书的品牌。

图书库存产生原因及解决方案

李　刚

随着我国社会主义市场经济体制的日益完善与文化体制改革的逐步深入,我国出版业得到空前发展,在市场的激烈竞争中,出版企业的生产规模不断扩张,出版物品种连年上升,出版物产品呈现系列化、多样化发展趋势。出版物品种的持续增长也造成了出版业图书库存量的急剧增长,加上市场需求信息的不畅通,出版物重复选题与跟风出版,导致我国出版业的图书库存滞胀现象严重。

那么,出版社库存图书是如何产生的呢?本人认为,库存图书的产生,究其主要原因有以下四条:其一,新书选题策划没有做好,市场定位不准;其二,重印书没能准确预测跟风图书的影响力,替代产品较多;其三,与目前图书销售特有的"经销包退制"有关。出版社向书店发货时都不收书款,过几个月之后再结账,届时书店可以把尚未销售的图书退还出版社,退回的图书未必都是差书,可能是由于出版社发行人员发货量没有掌握好,导致供过于求;其四,宣传工作没有到位。

面对日趋激烈的市场竞争,在买方市场的环境下,任何一个出版社都无法回避图书压库的问题。那么库存一旦产生,如何进行解决?低价处理是当前出版社处理库存书最常用的手段。不过,出版社"忍痛甩卖",有时非但不能减少损失,反而带来更大损失。目前特价书发行渠道混乱,"特价书倒流"现象时有发生,给出版社造成直接的经济损失。另外,特价书在一定程度上也会影响同类新书的销售。因此,低折销售虽然短期内会带来实实在在的收入,但从长远看,不仅对出版社的品牌和渠道造成致命伤害,更危及整个出版业的健康。特价书、捐赠、报废等都不是解决库存的根本之道,要从根本上改变这种局面,有赖于编辑、出版、发行等各个环节的进一步放开。本人认为加强图书库存管理是解决目前出版社库存滞涨的有效方法：

1. 转变思想观念，动员全员参与图书库存管理工作

随着出版业改革的深入与图书市场竞争的加剧，在图书销售方式、供货方式上都发生了根本性变化，从而导致图书存货管理的管理方式等相应发生了变化，图书库存管理再也不是以往的出版企业储运或物流一个部门的事情了，它需要出版企业的物流、编辑、印制、发行等部门同心协力，联合行动。编辑必须树立市场意识、精品意识，与发行人员共同进行深入的市场调研，了解市场对相关类图书需求的发展趋势，并针对市场的需求进行选题策划，杜绝无市场需求或无效益选题的列选，以避免图书出版后滞销压库，减少无效成本发生；市场营销与发行部门要根据各地的发行网点及销售渠道等所提供的真实市场信息，随时掌握本社图书在一定时期市场需求的最新情况，为编辑和有关领导提供相关的预测数据，作为决策图书印数的依据，以保证图书印数的科学性、准确性。同时要通过加强信用管理、提升服务质量来提高本版图书市场交易的成功率，有效降低图书的退货率；出版印制部门要根据图书品种不同的时效性和出版企业的库存能力情况，合理安排各种图书的印制时间，最大限度地缩短图书入库的储存期，为减少库存和加速图书存货的周转创造良好的条件；物流（储运）部门要运用现代化管理技术和手段，加强库存图书的分类管理，根据图书品种的畅销、长销、周期性、时效性等不同特点，充分利用现有库存与物流的条件，对图书的入库、出库进行精心组织，周密安排，科学调度，不断提高图书的储存、配货和发货能力，在保证市场供应的基础上，努力提高工作效率，加速图书存货的周转，降低图书存货成本。

2. 建立信息化的管理平台，提高图书库存的现代化管理水平

在传统的图书库存管理模式下，由于管理手段落后，造成图书库存信息与编辑、出版、发行等部门严重脱节。编辑不能及时了解已出版图书的印制与发货情况；销售部门不能及时掌握新书出版与印制情况，不清楚现有图书的储备情况；出版部门不掌握各类图书具体的存货数据；物流（储运）部门不了解图书出版速度，不掌握发行部门与客户之间签订的合同条款的相关内容。导致各部门各行其是，图书无计划出版，盲目印制，盲目发货，某些图书在尚有大批量存货的情况下继续加印的现象时有发生，由此不仅严重影响了图书销售，而且也造成了资源的极大浪费，导致了图书库存的急剧膨胀。

随着信息技术的日益发达，借助信息化的先进成果来管理存货，已经成为当前出版企业进行图书库存现代化管理的当务之急。建立信息化管理平台，实现图书库存现代化管理，根据系统数据，进行图书库存分析，计算图书经济生产批量、图书的最小库存量、图书最大库存量等库存管理指标，及时反馈给编辑和出版部门，据此安排图书出版、再版、重印及造货计划，使所有相关信息在不同部门之间得以实时传递，相互贯通，加快图书流通速度。

建立图书库存问责制，定期对库存图书分类处理。强化责任意识，把库存是否合理、超限，作为对相关负责人考核的重要指标。

3. 借助外力，提高图书存货周转速度

对于任何一个出版企业来说，其图书的储存能力与发货能力都是有限的。随着规模的不断扩张，图书品种的增加和市场需求量的快速增长，出版企业将对图书物流能力有更大的需求，而许多出版企业有限的图书储存与发货能力将难以满足其规模发展的需要。如何提高出版企业图书存货与发货的能力，以较小的成本满足市场销售的需要，这是快速发展中的出版企业必须要面对并需要正确解决的重要问题。随着我国物流产业的快速发展，为出版企业破解上述难题提供了有利条件。市场上专业物流公司的现代化技术程度高，基础设施完备，专业化服务质量高，物流网络渠道健全，其较高的规模化运营能力以及交易成本低等优势，明显要高于出版企业自身的物流（储运）部门。因此，当出版企业内部的规模发展对物流服务的需求超出企业自身物流部门的承受能力时，借助于外力，解决企业内部的物流服务问题不失为是一种理性的选择。可以有效解决发货高峰期出版企业图书仓储库位紧张、发货力量不足、运输任务繁重等困难，缓解企业图书库存与发货的部分压力，保证市场销售的及时供货等问题。

除了以上加强图书库存管理的解决办法外，本人认为下述方法也可做些尝试：

一是开发潜在渠道，开展网络销售。目前新华书店和民营书店的市场份额已经相对成熟，这就需要探寻除原有销售渠道之外的、针对某类图书的专有渠道。这种销售方式优势明显：销售环节少，信息回馈迅速；销售对象明确；账期短，回款快，通常为 1 个月左右，退货较少。

二是寻找潜在读者,深挖目标人群。

三是建立面向市场的选题和印数决策机制。

四是积极发展数字出版,实现零库存。数字化为无纸化出版奠定了基础,这必将缓解库存压力。为此,出版社必须提高创新意识,积极探索数字化出版途径,改造原有出版流程,实现现代化出版。

我社数字出版战略规划

蔡　健

中国数字出版产业已经走过了10多年的发展。随着数字出版产业的主体——新闻出版机构自身数字化转型脚步的加快,随着终端数字出版形态的日渐丰富,随着数字出版产品应用的日渐普及,特别是从机构用户的应用开始走向个人应用等等市场环境的逐步成熟,加上数字出版技术的不断催化,中国的数字出版产业链已经日渐清晰。数字出版与传统出版的界线也在逐渐模糊,二者已经不再是一个此消彼长的简单对立关系,而是相互促进的整合的大出版概念。

出版社的数字出版类别已涉及大众类、教育类、专业类等领域,目前比较成功的还是在专业出版领域。一般出版社的数字出版目前还在爬坡期,绝对值不大,比例也不高,一般少于主营收入的10%,但数字化方面收入增长的速度是最快的。传统的纸质图书和其他纸质出版物(工具书和百科全书)的销售,预计将来会逐步下降,其中的一块会被电子图书和未来技术所取代。"未来"究竟是多长,现在谁也不知道,但当变化发生时,将是非常迅速的,我们要为此做好准备。

在从纸质图书向数字产品的转型中,出版社正在探索能为作者和自身增加价值的方法,但也体会到数字产品与网络经营的投入产出模式与传统运营不一样。在探索中我们发现,只有将本社具有核心竞争力和独具特色的产品数字化后形成产品数据库,向行业或机构用户提供数据库信息服务,来实现持续盈利和发展的模式在目前看是比较行之有效的。值得指出的是,这类数字出版需要投入的资金大,对软硬件的要求高(要有高性能的服务器、存储设备和数字出版平台),要具备更多专业的数字出版人才,一旦初步具备了数字出版平台,随着时间的推移,投资可以逐渐减少。可以肯定,数字出版在赢利之前总是会有大量的投入。

一、坚持品牌战略

你如何知道从谷歌上找到的信息是否准确？答案是出版社的品牌。传统出版内容的准确性和权威性，特别是品牌，这是我们应该坚持的，而这点恰恰被许多技术提供商忽略。我们认为内容远比技术有优势。品牌战略是成功的关键所在，这一点与纸质图书相同。只有在交通科技领域做强、做大，树立起我社独一无二的交通品牌，拥有一批交通行业专家、学者的作者队伍，编创高质量的作品，是我社首先要坚持的战略。

二、出版社应建立自己的数字化基础设施平台

1. 我社必须建立自己的数字化出版平台

我们认为应该由出版社来控制和管理图书的内容和发行，自己掌握主动权，而非搜索引擎公司、技术服务商、经营商或零售商。结合交通科技信息共享平台的建设，我社必须建设自己的数字化出版平台，规划、再造符合数字化产品生产的数字出版新流程。

(1)我们的旧版书、常销书都需要进行扫描后实现数字化，新的图书品种利用排版文件已部分实现数字化了，这些都用来充实自己品牌化的数字化图书仓库。利用加密技术对数字图书版权实行有效的保护，建立起包括文字、图像、影像、知识点、词条和数据在内的数字化出版平台，建立起在线图书馆、光盘产品、网络虚拟下载、数字图书借阅、购买、手机阅读等多种形式的数字化产品。

(2)出版社要研究搜索引擎优化技术，使我社与搜索引擎公司合作时的内容在搜索列表中出现在前5的位置。这个位置你是买不来的，只能使用专门的技术，通过主题设计，使搜索引擎能首先找到它们。

(3)对现有内容资源进行深度加工和开发，形成具有自主知识产权和数字版权保护(DRM)技术的产品，并使之具备商品属性后进行市场营销。

2. 值得借鉴的经验

关于出版社如何从数字产品中赢利，现在还没有答案。但如果我们

出版社不建立数据库，亚马逊、谷歌、百度、方正、同方等公司就会领先我们一步。现在很多出版社都认识到了这一点，例如：

(1)社科文献出版社先后投入几百万资金建设完成了中国皮书数据库、社科文献资源库(SSDB数据库)等数据库系统，初步实现了传统出版与数字出版的结合。

(2)中国标准出版社建设的标准在线服务网实际上也是一个大型的数字出版产品数据库，容纳了上万种国家标准、23个行业标准以及数个国际标准数据库。

(3)知识产权出版社将本社的专利图书数字化后，搭建了一个中外专利数据库服务平台(CNIPR)。

(4)北京科技出版社目前已经不再向北大方正等技术提供商提供资源，转向搭建自己的数字出版平台，开发自己的数字出版产品。他们选购的开放式数字化出版平台，可实现资源加工、资源管理加密、资源发布、在线翻阅。可在原版原式的电子书中嵌入动画和音频、视频，实现多媒体产品的网上销售。

(5)还有大百科、商务印书馆、高等教育出版社等都有很多值得借鉴的经验。

我社可以根据自身的特点，逐步研究开发自己的特色资源库，例如：标准规范库、课件库、工具书库、法律法规库、科技论文库、教材题库、交通史书库等特色数据库。

三、在改版的社网站功能中增加电子商务、营销功能

从长期看，我社的网站将会在产品营销、电子商务方面发挥更大的作用，特别是促进纸质图书的销售方面。网站建设是投入最少，最容易见效的策略。互联网为我们提供了一种全新的、更强的商务活动方式，这既构成了对传统营销的挑战，也为营销开拓了更为广阔的发展空间，网站营销是传统营销方式在互联网上的延伸和扩展，在提高销售业绩、提升品牌知名度、积累客户资料、开发潜在客户群等方面发挥着日益重要的作用。

1. 在自己的数字化平台上建立直销渠道

网站建设中加入电子商务平台上，由出版社自行经营网上书店，如同在全国各大城市中租用场地开设零售书店一样，是一种比较简单的电子

商务形式。网上书店通过网络直接销售纸质图书、电子书,使终端客户在我社网上订购纸质图书、数字内容成为可能。实现 B to C 销售。

2. 营销宣传

网络已经成为人们获取信息的重要渠道。根据图书中心的需要,对某套或某些重点图书加大宣传力度,由我社控制可供浏览的图书数量和每本书的可翻阅量。例如,我们的网站上每本书精彩章节可以浏览20%,如果要针对读者做图书推广宣传,最大限度可能会浏览到50%,这根据营销策略的具体情况而定。

2007~2008 年信息中心为市场营销部制作部分章节可翻阅品种数为450 多种。近期在我社网站改版中,应尽快实现在线阅读功能。

3. 提早在社网站做新书预告、信息发布

可将图书预告提前发布。截取社"出版信息管理系统"中或排版后的内容提要、前言、目录、部分章节等,在网站上做营销宣传。使经销商或直接客户从社网站较早得知我社出书状况,我社即可征集预订数量从而确定印数,减少浪费。避免了搬书、寄书的麻烦,大大节省了时间,也节约了成本。

信息发布既是网络营销的基本职能,又是一种实用的操作手段,最重要的是将有价值的信息及时发布在自己的网站上,以充分发挥网站的功能,比如新书信息、优惠促销、销售排行信息等。

4. 电子授权和广告

通过会员卡、包月、限制 IP 段等方式向需要在线使用我社图书、数字产品的读者收费。也可以通过征集广告收费。

5. 互动

全世界很多图书出版社对于数字媒体和互联网对传统出版可能带来的冲击感到焦虑,但从另一个角度来说,数字媒体和互联网可以使出版社更关注于图书本身和读者的需求,而渠道拓展的任务可以借助网络来完成。在数字出版领域中,出版社和作者之间,出版社、作者和读者之间,读者和读者之间的联系都更为紧密了。对很多人来说,阅读的体验会有很大变化,很多读者希望和图书内容之间有更强的互动,而出版社和作者会重新审视他们所出版的图书。增强互动性,最终会增强对读者的吸引力。因此博客、书评、编辑推荐、网络论坛等栏目发展迅速。例如,将书的精华内容写成了一个帖子,或由编辑写成书评,放在网上。相信每天都有网友跟帖评论,而只点击不发言的网友估计更多。这是另一种宣传方式。

6. 部分章节可翻阅

专业图书与方正、新加坡图书公司等技术提供商合作,或购置数字产品制作、加密软件,将图书数字化后网上部分章节的翻阅放在卓越、当当、I do I can 等网站上,以扩大知名度、扩大宣传范围。但可翻阅比例应由出版社控制,在本社网站上可以达到 20%,在其他网站上的翻阅比例可适当减小,以增大我社网站的点击率。

7. 将离线浏览网站内容制作成光盘推送给最终读者

利用软件下载网站内容,将离线浏览的内容展示给读者,使读者仿佛看到我社网站一样,可一层层深入浏览我社图书内容,但浏览速度却比浏览网站大为提高。因光盘的内容是按类别制作的,所以针对性也更强。

8. 资源有效加工、管理、利用

将我社数字化后的资源作标注,抽取图片库、知识点库、音视频、章节库等,并分类管理。包括解决电子文件远程传递,文件备份规范化,文件部分数据上传等。可以加快排版文件的回收,使排版后的正文、图片、内容提要、前言、目录、定价等信息以最快速度上传至磁盘阵列,用原始数据文档制作成原版原式 CEB 文件,以供网站宣传、光盘制作、电子邮箱等推送之需。

9. 利用网络市场开展调研

网络是沟通读者、作者、出版社的重要平台。以前出版社往往不知道自己的终端读者都是什么人,如果很好地利用好网络,可以收集终端读者信息,还可以开展一些问卷调研,发表一些评论,对策划选题起助推的作用。

10. 搜索引擎

在主要的搜索引擎上注册并获得最理想的排名,是网站设计过程中

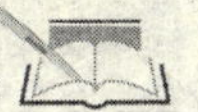

要考虑的问题之一，网站正式发布后尽快提交到主要的搜索引擎，是网络营销的基本任务。

11. 交换链接

交换链接或称互惠链接，是具有一定互补优势的网站之间的简单合作形式，即分别在自己的网站上放置对方网站名称并设置对方网站的超级链接，使得用户可以从合作网站中发现自己的网站，达到互相推广的目的。

12. 病毒性营销

病毒性营销并非真的以传播病毒的方式开展营销，而是通过用户的口碑宣传网络，信息像病毒一样传播和扩散，利用快速复制的方式传向数以千计、数以百万计的受众。病毒性营销的经典范例是 Hotmail. com。现在几乎所有的免费电子邮件提供商都采取类似的推广方法。

13. 许可 Email 营销

基于用户许可的 Email 营销比传统的推广方式或未经许可的 Email 营销具有明显的优势，比如可以减少广告对用户的滋扰、增加潜在客户定位的准确度、增强与客户的关系、提高品牌忠诚度等。开展 Email 营销的前提是拥有潜在用户的 Email 地址，这些地址可以是企业从用户、潜在用户资料中自行收集整理，也可以利用第三方的潜在用户资源。

14. 邮件列表

邮件列表实际上也是一种 Email 营销形式，邮件列表也是基于用户许可的原则，用户自愿加入、自由退出，稍微不同的是，Email 营销直接向用户发送促销信息，而邮件列表是通过为用户提供有价值的信息，在邮件内容中加入适量促销信息，从而实现营销的目的。

四、工具书可以首先数字化

年鉴、工具书、百科全书适合数字化，不能简单把它们做成电子书，而是以纸质书为基础做成条目式数据库产品会更有价值。可以把许多相关的工具书数字化后捆绑起来，组合成所谓的“资源中心”。每季度将“资源中心”更新升级,然后每年让机构用户来订阅。其他特色资源库也可以采用类似工具书数据库的方法,即只对机构用户销售一个一个数据库,而并非一本一本的电子书。对个人用户可以采用按下载条目方式收费。

但需要注意的是,最好不要将词典、工具书等数据放在谷歌、方正、同方、图书馆等机构用户的服务器中,而是放入我社自己的数据库里,让搜索引擎从我社数据库中查询词典和工具书,我社同时还可以销售自己的在线产品。

五、传统出版与数字出版将并存发展

将图书内容放到网上供搜索阅读,将极大地改变出版的商业模式;我们认为数字出版不会改变全球出版格局,也不会改变出版社与作者之间的合作模式;传统出版不会消失,只是改变了形态,未来的趋势是与网络整合互动的电子书。

传统出版与数字出版会一直并存下去。不同的市场会有不同的情形,工具书、年鉴和百科全书市场,电子形式占据的市场份额会大一些,由于它们的知识结构性强,信息是逐条获取的,纸质书不会占据优势,电子形式更加适宜。而科技图书、部分大众类图书、虚构类图书,则以纸质图书为主。

六、专业图书和谷歌、微软等网络伙伴合作

经美国出版商研究,在专业的出版领域,利用谷歌、微软等的搜索引擎能更多地满足读者的需要。他们的技术力量和品牌是很强大的,尤其是从全球化服务的角度来看,不与谷歌合作可能是不明智的。

10 多年前,当人们需要找书时,要到成千上万家的物理书店中去找,通过翻阅图书来寻找所需的内容;大约 10 年前,亚马逊和其他的网上图书销售商使上百万的人能够到网上书店搜索图书;而两三年前,搜索引擎使几十亿人可以直接上网搜索图书。哈珀·柯林斯集团调查发现,在普通读者中,谷歌比亚马逊更受欢迎。所以图书出版商有必要和搜索引擎公司建立好的关系。让大家可以在网上搜索到我们出版的图书,是机遇所在。

谷歌是全球最大的网络公司,网页每天的浏览量为 44 亿次。有 80%

的网民使用谷歌,每个月有7亿多人次的访问量。作为技术供应商,谷歌可以帮助出版社在全世界范围内寻找读者。我们希望通过他们的搜索来提高我社网站的浏览量,这在一方面可以提高纸质图书的销售,另一方面可以吸引更多的读者来访问。

热销的图书能得到销售收入,而处于尾部的图书则能在网上逐渐获得广告收入。就像我们按照阶梯原则推出不同版本的做法:首先出版高定价的精装书,一年以后,出版半价精装书,随后逐年推出比较便宜的平装书,最后推出廉价书。在电子模式中,首先出版电子书,销售较长时间后,销量下降,就免费放到网上,靠广告获得收入。

新的数字出版的商业模式就是广告支撑的模式。在未来的营收结构中,直接的销售收入是一部分,另一部分就是广告收入。

在数字世界中,大家可以看到"长尾现象"的发生。出版界都知道,只有少量的书能成为畅销书,它们处于"长尾"的头部,绝大多数的图书处在尾部。随着出版业的发展,越来越多的新书面市,但是物理卖场不可能迅速增长,于是新书上架时间越来越短,"长尾"也越来越"长",越来越"粗"。现代的数字媒体和搜索技术可以使那些处在"长尾"尾部的图书,即那些只有少量受众的图书也一直存放在"虚拟卖场"里,并随时找到读者,因为在数字世界里没有存储空间的限制。长尾理论对图书出版社而言,是创造出无数的"书架",上面可以存放无数的新书和库存书,只要有需求,就可以检索到;相反,只要能够检索到,就一定会有需求。在物理书店,只有畅销书才有霸占展架的权利,在数字世界里,一切图书都是平等的。

从"长尾"理论看,谷歌的搜索引擎对于"尾部"图书的推广发挥了很好的作用。而专业图书基本上都处于"尾部"。

七、利用广告赚钱

谷歌和微软等能将图书的部分内容放到网上(10%),这使主题广告跟随的商业模式成为可能。这种主题广告跟随的商业模式会令所有的出版商感到害怕,因为出版社不得不接受这样一个词:免费。到头来你只能通过广告获得收入,而不是内容。出版社与谷歌等合作商可分广告收入,但目前很少。

对一些职业性、专业性较强的网站,比如国家标准类或者中国公路交通监理类的专业网站,我们可以收取较高的费用与定向投放的广告费,以此来比较快地达到运营平衡,实现赢利,相对而言,使爬坡期短一些。

八、应从起步时的只关注内容逐步向提供整体解决方案转变

通过分析流程来提供整体的内容—方法教学模式,就是整体解决方案。例如对教材类图书,不仅卖内容,卖课外作业、卖课件,还卖学习氛围、学习激情和解决方案。

九、精细划分市场,提供专业化、个性化、按需出版的数字服务

传统出版满足的是产品标准化的需求,是对很多人的标准化服务;数字出版则更容易满足人们个性化的需求。专业出版是比较个性化的,所以数字出版适合在专业出版领域突破。

我们可以为图书馆生产图书,用电子文档做纸质书的按需出版。也就是说,有人需要纸质书时,我们才生产纸质书。我们将做到每一本书都可以按需印刷,只要有人需要,我们就能印出来。对绝版书的意义更大。

十、将特色数据库、电子图书直接销售到图书馆

我们看到图书馆和机构用户在向数字内容转型方面走得非常快,数字化产品在图书馆渠道获得了很大的发展。图书馆购置纸书的比例越来越小,大规模地购置电子书、数据库。数字产品更符合其资料全面、节省空间、利于检索的需求。

十一、第三方授权获利

通过合作伙伴将内容授权给第三方可以增加我们的市场和收入,特别是在我社数字化平台未搭建、出版社没有资金投入到数字出版之前,例如现在我们与北大方正、清华同方的合作。他们并不只出售我社的数字产品,也出售其他社的数字产品。在合作中出版社资源得以数字化,同时

也得到了一些收入,作者也可以从第三方中获得版税收入。但一定要注意区分合作资源的重要程度,出版社的核心资源是不能合作的。

十二、电子书的定价

数字出版的市场回报率,取决于如何给电子内容定价。在专业出版领域,电子图书的价格和纸质图书差不多,这是由市场决定的。但在高等教育图书中,电子图书就比纸质的低很多,比如大学教科书,大学生并不认为电子化的内容特别值钱,甚至有人认为应该免费,所以可降低定价以提高竞争力。在有的领域,电子图书还可以定更高的价格。

把工具书做成电子形式时,由于电子形式在检索上大大优于纸质书可使其定价是纸质工具书的150%。所以,同样内容的纸质工具书和电子版工具书,电子版更贵。学术专著也是如此,电子版定价是纸质书的135%。但大众图书则不同,大众类电子书的定价仅为纸质书的50%。对大学教科书,电子版的定价仅为纸质书的33%。

十三、收购其他公司

在很多公司发展壮大的历史中,不断收购其他公司弥补自己的业务。例如,培生在发展壮大的历史中,经常收购其他公司。

据《中国传媒产业发展报告(2007—2008)》显示,新媒体的迅速成长已经使中国传媒产业结构发生了很大变化,2007年新媒体增长的势头在传媒产业中的比重增加到28.07%,而传统媒体下降到71.93%。数字化浪潮给新闻出版界带来了巨大的挑战,但同时也孕育着更多的机遇。在未来数字出版产业中,通过加强数字出版版权保护,在生产模式、形态、领域以及营销模式方面加以创新,数字出版将得以持续而快速的发展。

在强大的网络、丰富的软硬件工具的推动下,泛网络传播时代的数字出版内容可以在跨媒体、跨介质中无缝传播,数字出版与纸媒介信息传播互为补充,协调共存。出版社也将更加贴近用户的应用需求,贴近新闻出版机构的需求,以领先的技术产品,领先的数字出版理念,助力中国数字出版产业。

数字化时代出版行业之路

——传统出版与新兴媒体的博弈

黄景宇

随着互联网的迅速普及、数字技术的迅猛发展,人们获取信息的方式发生着巨大的变革。以纸张为主要载体、依托印刷技术实现的传统出版方式正面临着前所未有的冲击和挑战。这种基于技术革命的深刻变化,必将进一步深入而且持久。新兴媒体的发展,对传统媒体来说,既是威胁又可能是机遇。本文站在传统出版机构经营者的角度,试着对这种博弈进行描述,并经过分析提出对策,希望能在这场正在进行的复杂博弈中找到行业生存和发展的方向。

一、传统出版业的五力模型分析

此处借助波特的五力模型①加上互补商品分析,对传统出版企业的竞争情况进行描述。这六种竞争因素为潜在进入者、购买者、供应者、替代品、同行企业、互补品。下面就从一个传统出版机构的视角出发,对这六种因素逐一分析。

1. 替代品

首先分析替代品,因为这是对目前行业影响最大的一个因素。事实

① 五力模型是由麦克尔·波特(Michael Porter)于20世纪80年代初提出的用于竞争战略的分析的模型,五种力量模型确定了竞争的五种主要来源,即供应商和购买者的讨价还价能力,潜在进入者的威胁,替代品的威胁,以及来自目前在同一行业的公司间的竞争。一种可行战略的提出首先应该包括确认并评价这五种力量,不同力量的特性和重要性因行业和公司的不同而变化。

上,现在传统出版企业面临的主要问题就是新兴媒体介质会不会成为传统媒体纸质介质的替代品。

所谓的新兴媒体,目前主要是以互联网和电子产品(移动电话、电子阅读器、媒体播放产品等)为物质载体、以数字技术实现传播的媒体形式。下面我们从以下几个方面分析新兴媒体对纸质媒体的可替代性。

(1)替代品与现用品的相对价值比。新兴媒体与纸质媒体相比有很大差异,新兴媒体的优势主要表现如下:

• 节省资源、没有环境污染(造纸厂是污染大户);

• 去除中间环节,节约各项成本,价格可以非常低(制板、印刷和纸张是纸质媒体的主要成本);

• 突破了传统的时间、空间概念,具有传播广,覆盖率大的特点;

• 实效性与互动性强,满足读者个性化需求能力强;

• 长尾[①]内容的集成平台,真正做到所有的图书都会有销售。

新兴媒体的主要劣势:

• 要依赖于电子产品作为载体,对眼睛刺激大,不方便阅读。

(2) 替代品的赢利能力。数字出版的赢利能力目前还并不够强大,这也是比较关键的一个问题。目前,数字出版行业还没有形成非常明晰的赢利模式。电子图书和电子期刊主要集中在向各大图书馆和机构的销售;网络的广告收益模式已经趋于成熟;手机书方兴未艾;手机铃声等下载利润颇丰。而业走在前沿的电子书阅览器,国内外的厂商都在积极研制、推广,目前只有亚马逊公司 Kindle 电子阅读器比较成功。

替代品赢利能力的不确定性,是这场博弈的关键所在。

(3)用户的转变成本。这项成本非常低廉,除非考虑到没有电脑和手机的人,而没有电脑和手机的人,有阅读习惯的可能性远不及拥有这些设备的人。

(4)用户使用替代品的欲望。这也是一个关键因素,因为方便快捷,对于获取新闻,很多人已经习惯于互联网,而几乎抛弃了报纸。而对于杂志和图书,更多人一时间还不能习惯于用电脑或手机阅读。当然,如果能

---

① 长尾(The Long Tail)这一概念是由“连线”杂志主编 Chris Anderson 在 2004 年 10 月的“长尾”一文中最早提出,用来描述亚马逊一类网站的商业模式,该理论认为只要存储和流通的渠道足够大,需求不旺或销量不佳的产品共同占据的市场份额就可以和那些数量不多的热卖品所占据的市场份额相匹敌,甚至更大。

有很好的阅读器，让电子书像纸质图书一样方便阅读和携带，用户使用的欲望可能会更强。

2. 潜在进入者

目前我国出版行业由于政策原因，进入的门槛比较高。但是，互联网作为新兴事物的出现，颠覆了传统出版行业的定义。很多政策已经不适用于新兴媒体，这就给进入者很好的机会。目前谷歌（Google）和维基百科（Wikipedia）等网站正在利用自身优势，反过来进入传统媒体。这已经成为值得关注的行业动向。

3. 购买者

对于读者来说，他们有非常强的选择余地，电子出版物的价格优势对他们很有吸引力；而传统纸质出版物的质地和便携性，又使得读者更习惯于纸质的阅读。当然，现在已经有越来越多的年轻人喜欢看手机书，它的便利性是吸引读者使用的主要原因。

需要注意的是，新兴媒体拥有非常大的用户群体，而且目前大都在免费使用很多阅读资源。截至 2007 年 6 月底，全国手机用户已突破 5 亿，通过手机进行文学阅读的用户超过 3000 万，近两年手机文学读者年均增加 80% 左右；截至 2008 年 6 月底，中国网民数已达 2.53 亿人，规模居世界第一位。此外，据中国出版科学研究所的第五次国民阅读与购买倾向抽样调查结果显示，2007 年我国国民网络阅读率继续大幅攀升，达到了 44.9%。

4. 供应者

对于出版机构而言，作者是主要的产品供应者。新兴媒体大大降低了供应者的门槛，给更多人提供了成为作者的可能。对于新兴媒体而言，相比于传统媒体，供应者的议价能力很大程度上降低了。2007 ~ 2008 年网络原创则纷纷涉足出版（含授权给传统出版单位以纸介质方式出版和提供网上付费阅读），新兴的技术提供商从起步开始就涉足于内容生产，他们将技术与内容完全捆绑在一起，把自己当成一个原创的平台，通过技术手段向用户提供内容——他们实际上完全是一种新兴的网络出版商或数字出版商。今后，先有网络版后有纸质版的出版方式很可能成为趋势。

5. 同行企业

同行企业面临相似挑战。在传统领域，同行的竞争基本上已经达到

了一种动态平衡。现在面对挑战，是否应该迅速开展数字出版、该如何应对，成为同行之间下一步竞争的一个关键环节。

6. 互补品①

现在出现一种新的现象，很多文学作品先是在网络上风行，然后再转化为纸质出版，并获得巨大成功。而很多图书的销售，也很大程度上依赖于网上的试读章节。很多人是因为网络上的了解，才会购买纸质图书。从这种意义上来说，新兴媒体和传统媒体之间也有很强的互补性。亚马逊的模式就是一个很好的互补品案例：他们的网上书店提供部分网上试读和读者书评，可以很大程度上促进图书的销售。这就给这轮博弈提出了一个理想化的方向，那就是共生。

二、传统出版业与新兴媒体的现状对比

1. 规模的对比

如2007年，我国传统书报刊的整体收入是990.08亿元，而数字化书报刊的收入为19.6亿元，两者相比，数字化书报刊收入规模仅占传统书报刊的1.98%。同时我们还发现，尽管2007~2008年集中出版的科技期刊数据库、个别文学原创网站、网络游戏取得了骄人的成绩，但除此之外无论是新媒体还是传统出版单位的数字化转型，在赢利模式上仍然处于探索阶段。

2. 增长趋势的对比

从下表我国历年出版行业整体增长率的情况可以看出，中国图书零售市场近年来一直保持平稳较快的增长趋势。

年份	2002	2003	2004	2005	2006	2007
增长率	13.10%	4.52%	11.80%	7.34%	10.52%	10.41%

我国数字出版产业收入规模，2007年比2006年增长了70.15%。

① 互补品指两种商品必须互相配合，才能共同满足消费者的同一种需要，如传统的照相机和胶卷。

2008年数字出版的收入估计能比2007年增长46.42%,比2006年增长149.13%。全国数字出版用户数量,2006年2.86亿人(家,个),2007年3.77亿人(家,个),2007年比2006年平均增长31.88%。从目前的统计数据来看,数字出版在今后几年内还将保持高速增长的态势,其中收入规模的增幅每年可能都会在50%左右,用户规模的增幅每年可能会在32%左右。

三、竞争策略

从大的环境和趋势来看,传统媒体防御替代品战略已经没有可行的余地,只能采取共生战略。竞争的格局发生了变化,竞争既不是为了输赢,也不是为了双赢,而是为了发展。这是整个行业需要采取的战略。传统媒体可以采取以下一些应对措施。

1. 着手进入替代品产业

事实上,现在大多数传统出版机构都已经着手开展数字出版工作。但是,目前只限于将纸质产品简单数字化,而这样的数字化图书还没有找到很好的赢利模式。亚马逊公司Kindle电子阅读器的成功和手机电子书的风行,给我们提供了一条见到光明的道路。

2. 技术上寻求外部合作

其他国家的一些做法可以作为我国出版企业的参考:采用与技术提供商合作或并购的方式进行,如哈珀·柯林斯出版集团选择与Newstand公司进行合作,并为此拥有其10%的股份;约翰·威立并购布莱克维尔和Whatsonwhen以进军数字出版;桦榭美国公司通过收购Jumpstart来完成其网上广告销售;培生教育出版集团收购了“电子大学”来扩大网络教育出版;兰登书屋购买Vocel公司部分股权以开发手机阅读等。传统出版机构尽量与数字技术企业联合,利用双方的优势,互利共赢地开展数字出版业务。这也有助于形成新的赢利模式。

3. 专注于核心内容

不论是什么样的出版形式,媒体的核心竞争力还在于内容。所以,传统出版机构应该立足于内容的获取和知识产权的保护和使用上。在这方面,传统媒体有很深厚的积累。

4. 传统媒体与新兴媒体积极互动

传统媒体应该充分利用新兴媒体作为自己的工具,获取广阔的内容资源,并且充分利用新兴媒体进行营销。同时要充分关注网络等互动媒体,积极将好的成果转化成纸质产品,有针对性的提供给不方便网络阅读的读者。

总　　结

2008 年是法兰克福书展诞辰 60 周年。书展主办方为此展开了一项名为“数字化将如何影响出版业的未来,谁将成为驱动力”的调查。来自 30 多个国家的 1000 名业内人士参与了此次调查,超过 70% 的受调查者表示,他们已经在心理上做好了迎接数字化挑战的准备;40% 的人认为,电子内容将在 2018 年赶超传统图书的市场份额,而 1/3 的人对此持否定的观点;60% 的受调查者表示根本没有看过电子书或者使用电子阅读器,60% 的人仍然期望,未来 5 年内,传统图书将占据市场主导地位。书业将与哪个领域达成更加密切的合作？在这个问题上,22% 的人看好手机厂商,18% 的人认为音乐行业将成为最佳搭档。

孙子兵法军形篇中的一些思想对我们的现状很有指导意义:“胜可知,而不可为”、“善守者,藏于九地之下;善攻者,动于九天之上”、“是故胜兵先胜而后求战,败兵先战而后求胜。善用兵者,修道而保法,故能为胜败之政”、“故胜兵若以镒称铢,败兵若以铢称镒。胜者之战民也,若决积水于千仞之溪者,形也。”这个时候,应该正是传统出版业利用自身优势,先立于不败,然后再求发展的关键时刻。及时改革,积蓄力量,即便数字出版真的会取代纸质出版,那时候也已经跟上甚至领先了。

方正 Apabi——传统出版的网络解决方案

郭　敏

网络出版作为一种新兴的出版形式,其发展模式与传统出版有着很大的区别。北大方正的 Apabi 出版系统推出来以后,使网络出版与传统出版找到了结合点,彻底解决了困扰网络出版的版权问题,从而使网络出版进入了一个新的发展阶段。本文着眼于 Apabi 平台的出版流程,对其结构与流程进行了解构与分析。

方正在我国的传统出版印刷领域一直是技术领跑者,其激光照排技术使我国出版界“告别铅与火,迎接光与电”。在互联网高速发展的 21 世纪,方正再次从技术的角度在网络出版和发行方面做出了创新性的尝试。2001 年 4 月 26 日方正隆重推出了 Apabi 网络出版解决方案,将中国出版业带入网络出版时代。在方正涉足网络出版前,国内已有数家公司正在经营,其中不乏象超星、中国数图公司网上图书馆等这样等比较成熟的网络出版系统,但方正与这些公司最大的区别是版权解决方式以及出版流程的不同。

一、APABI 的结构

一个产业要形成规模化的发展,就需要形成一个完整的产业供应链。方正在构造网络出版平台时以此为着眼点,提出“还原书业流程”。他们将网络出版市场的几个构成要素 Author(作者),press(出版社),artery(网络书店),buyer(顾客)用 Internet 联结起来,共同构成一个完整的网络出版平台,并在逻辑流程上使其与传统的书业相同,Apabi 也正是来自于这 5 个市场要素的首字母。那么方正网络出版的逻辑流程是怎样的呢,可以用如下图形表示：

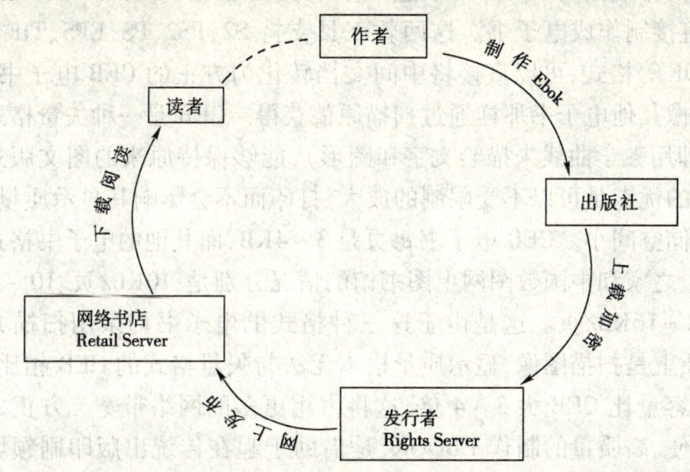

在这个模型中，包括了四大市场主体：作者、出版社、发行渠道和读者。彼此的逻辑关系与传统出版业中的关系完全相同：作者是内容的提供者，出版社对作者的作品进行编辑加工，发行渠道负责将产品提供给读者消费。为了适应网络媒介的特点，流通渠道由发行者（Apabi Rights server）和网络书店（Apabi Retail Server）组成。网络出版平台便是由这两者共同构成的。Rights Server 和 Retail Server 是版权保护系统和书店安全交易系统，分别运行在出版社和网络书店两端，是 Apabi 的核心。Rights Server 运行于出版社内部的，但在逻辑流程上是出版的后续环节，作用是将编辑加工好的电子书进行加密、版权保护处理以便进入发行渠道。传统的出版供应链中的物流主要是纸质图书，在这里是以 0、1 代码为载体的电子书，其他各方面的业务流程在本质上与纸质出版相同。这样 Apabi 以 Internet 为纽带将出版市场上的各个主体联系起来，还原了“书业流程”。那么，这个系统是如何运作呢？

二、APABI 的运行机制

1. 作者——出版社

作者将他们的作品交给出版社，由出版社将编辑加工好的书稿进行排版、制版，然后交给印刷厂进行印刷。将书稿进行编排后形成的电子文档在交由印刷厂印制后，可以进一步利用方正的 Apabi maker 和 Apabi writer 直接制作成电子书。这两款工具支持 S2、PS2、PS、EPS、TIF、DOC、JPG、PDF 等格式，可以直接将中间文档转化为方正的 CEB 电子书格式，而不是像其他电子书那样通过扫描原稿获得。CEB 是一种矢量格式的电子书（即用数学曲线来描绘文字和图形），能够保持原来的图文版式。矢量格式的优点是可以不受限制的放大、打印而不会影响其显示质量，而且文件存储空间小。CEB 电子书每页是 3～4KB，而其他的电子书格式如超星、书生之家和中国数图网上图书馆的情况分别是：10KB/页、10～16KB/页和 12～16KB/页。这是由于这三种格式的电子书均采用扫描方式获得，本质上是扫描图像，显示质量根本无法与矢量格式的 CEB 相比较，而且存储容量比 CEB 大 3～4 倍，这将占用更多的网络带宽。方正之所以能够方便、高质量的制作 EBOOK，是借助于起在传统出版印刷领域的技术优势。电子书制作方式的不同，还导致了各自的出版特点：方正以出版新书为主，而超星、书生之家、中国数图等以扫描方式获取电子书的出版模式则以旧书为主。这是由于后者的电子书制作方式导致的，不大可能以出版新图书为主的。而 Apabi 则可以与新书同步，甚至先于其纸质图书的出版。出版社在将书稿的中间电子文档转化为电子书，边际成本很小，而带来的收益除了直接销售收入外，还能充分利用网络扩大宣传，获得一定的市场优势，从而与纸质图书的销售形成互动。

2. 出版社——发行者——网络书店（发行渠道）

这是至关重要的一个环节，涉及到电子图书版权，同时还要解决电子书版权保护、发行、信息交流、网上销售和利润分成等问题。

电子图书版权问题是这样解决的，由出版社代表作者将图书的网络信息传播权授予方正，然后 Apabi 负责在网站上进行销售。当然出版社也可以由自己在网络上进行销售并且同时与方正合作。这样从出版的源头上解决了电子书的版权问题，保证了所有的电子书都具有合法版权。而像超星数这样的网络出版方案中，其电子书的版权是由作者本人授予。根据超星网站发布的信息，目前已经有 23 万作者授予了其图书的电子版权一即作品的网络信息传播权。但是这种解决案过于烦琐、效率低，不够彻底化、商业化。

业务流程是：出版社将制作好的电子书上载到出版社端的 Apabi Rights Server 服务器，对电子书进行加密并根据出版社要求设置版权保

护。也就是说出版社可在信息传播高度分散、自由的因特网上能够按照自己的标准对作品进行版权保护。然后,出版社再将其电子书批发给各个网络书店进行销售,分成两种模式:一是建立出版单位自己的电子书专卖网站(可以利用方正的www. chinesebook. com. cn平台或者在自己的原有出版社网站基础上增加电子书店功能),二是选择一些有规模的网站如新浪、卓越来销售自己的EBOOK。这个阶段的流程可以用以下的图形描叙其基本框架:

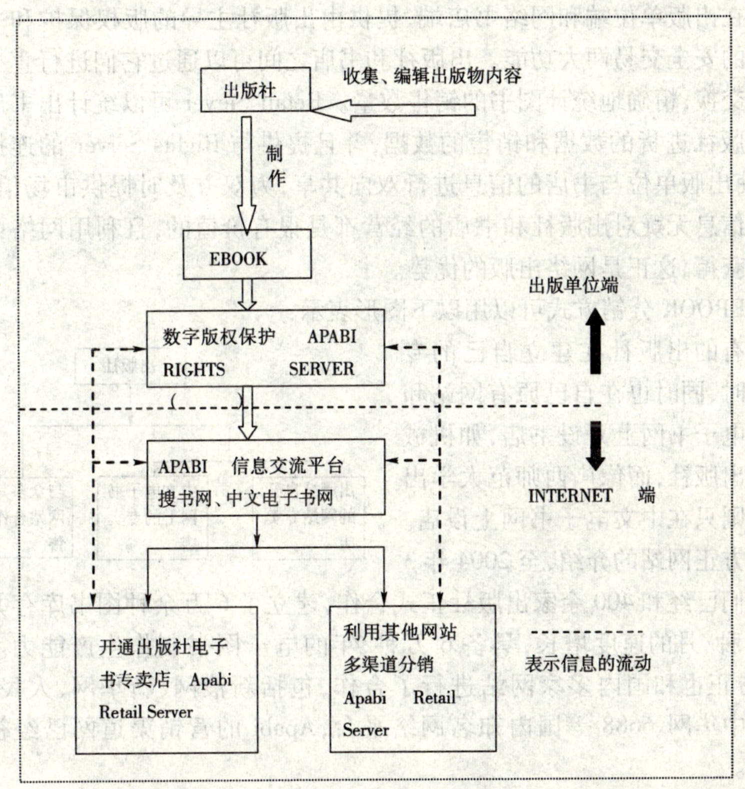

出版社将EBOOK上载到Rights Server系统,进行加密、注入数字水印、设置用户权限等处理后,EBOOK就可以进入发行渠道了。可以利用方正出版系统的信息发布平台进行宣传促销:搜书网(www. esoushu. com)和中文电子书网(www. chinesebook. com. cn)。搜书网主要功能是提供读者图书信息检索功能,当用户检索到自己所需要的图书后搜书网会给出两种购买方案:购买纸质图书或者购买电子图书。如果该图书的电子版还没有推出，则只能购买纸质图书。出版社利用它发布电子书的同时，也可以一并发布已经出版的纸书。而在中文电子书网上，既可以在其页面上直接为图书广告、宣传，而且出版社还可以直接在该网站上设立电子图书专卖店。迄今为止已经有50余家有规模的出版社在该网站上设立了电子书专卖店。

Apabi网络出版平台的核心是DRM，即Digital Rights Management数字版权保护系统，由Rights Server和Retail Server两个子系统组成，分别运行在出版单位端和网络书店端，提供由出版社主导的版权保护和书店主导的安全交易两大功能。出版社和书店之间可以通过它们进行直接的信息交换，精确地统计图书的销售数量。Retail Server可以统计出书店从各出版社进货的数据和销售的数据，并且提供与Rights Server的连接功能，使出版单位与书店的信息进行双向共享，为双方及时提供市场信息。这些信息无疑对出版社和书店的经营都是很有价值的，且利用网络可以轻松获得，这正是网络出版的优势。

EBOOK分销方式可以用以下图形表示：

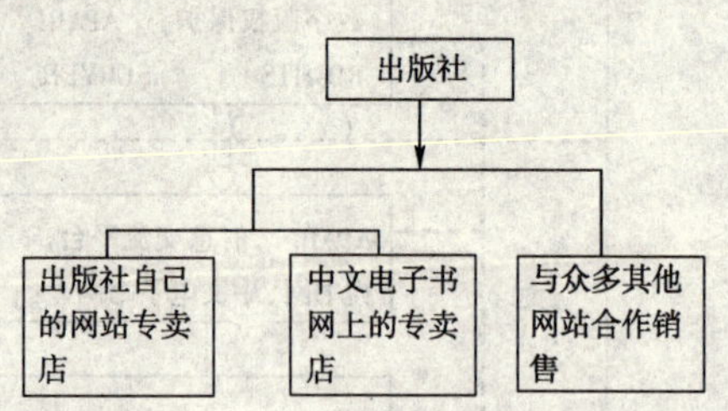

有的出版社在建立自己的专卖店时，同时也在自己原有网站和中文电子书网上开设书店，如机械工业出版社，而像广西师范大学出版社则只在中文电子书网上设店。根据方正网站的介绍，至2004年3月他们已经和400余家出版社正式合作，建立了6万余种图书库存并以5000种/月的速度增长，具备6万种/年的电子图书制作生产能力。同时，方正也和国内多家网站进行了合作，包括新浪网、新华网、人民网、263、中华网、6688等国内知名网络平台，Apabi的营销渠道网已经初具规模。

3. 网络书店——读者

据统计，方正电子书的平均价格为原书的1/3左右。付费手段与一般的网上书店类似，可以选择邮局汇款、银行账户网上支付等。书店确认收款后，点击取书就可以下载图书完成交易。虽然网络上有许多免费资源。但是目前的EBOOK收费已是大势所趋，除了像e书时空等少数网站外，大多数电子书网站都开始收费，国外网站早已是全面收费。为了方便

读者购书,Apabi 提供电子书的部分章节在线免费阅读。不过在超星数字图书馆上可以免费在线阅读图书,下载则全部收费,收费方式是通过购买其专用的读书卡,100 元 1 年,最多下载该网站收录的 25 万种图书。两者比较起来,超星的价格略显得有吸引力些。读者在阅读之前需要下载 Apabi Reader 浏览器才能阅读方正的 CEB 电子书。Apabi reader 的显示质量优异,字体图形都非常清晰,充分体现了矢量格式得优点,比起其他扫描电子书来阅读更赏心悦目。而且支持对文本画线、标注功能,能像纸书一样具备翻页功能。同时,Apabi 阅读器还具备版权保护功能,它实行文字的限量拷贝,不可转存等,作为版权保护的最后防线。

交易完成后,书店和出版社就可以根据销量定期进行利润分成。

三、APABI 发展所面临的问题

方正 Apabi 出版方案从产业链的角度出发,以 INTENET 为纽带将出版市场的各个主体联系起来。在将电子书上网服务之前,方正就首先取得出版社得授权,这种版权保护方式符合国际潮流,并得到国内多数出版社的支持。这是方正公司与书生之家、超星、中国数图公司等国内其他电子书出版公司最大的不同点。

尽管如此,Apabi 的发展现仍然处于起步阶段。主要有以下因素制约了网络出版的发展

1. 阅读习惯的影响

对于书籍,大多数读者还是习惯于读纸质品,因为传统书籍阅读、携带都很方便,可以做到随时随地阅读。而电子书则限定了只能在电脑上阅读,当然目前市场上的手持阅读设备 PDA 较好的解决了电子书阅读不方便的问题,但是 PDA 千元以上的价格使其不能在短期内普及。

2. 支付手段的制约

电子支付手段的缺位使交易成本增大。Apapbi 的支付手段主要有邮局汇款、招商银行的网上通卡以及其他开有网上业务银行卡。由于受我国电子商务整体环境的影响,人们普遍存在对交易安全隐患的担心,并且我国的网络安全状况也确实不容乐观。前段时间就有媒体报道我国某商业银行的客户资料包括账号和密码被一大学生破解,幸好该学生主动告

知银行并将其自编软件的源代码全部上交给该银行。再加上网络上黑客、病毒、木马和信用等因素，完善的支付手段还需要一段时间才能建立起来。在这方面超星公司做的比较好，他们通过读书卡来支付，这种卡由读者向超星公司购买。读者购书时输入卡号，然后系统自动扣除电子书的金额。当然，手机付费也是一种比较好的方式。

3. 观念因素

因特网创立的一个宗旨就是信息共享，网络上有很多免费资源可以下载；但是 Apabi 的电子书却通常卖到 10 元左右，虽然较之原版书很便宜，但是在网上要读者掏钱包还是有难度。因为读者花钱买到的只是比特流而已，看不见、摸不着，这也无形中抑制了一部分人的购买欲望。

尽管如此，网络出版市场前景还是广阔的。以江苏出版集团为例，2003 年 9 月与北大方正签署协议，到 2004 年 3 月其所属的 5 家出版社制成并流通电子书近 600 种，销售收入分成得 14152 元。网络出版的另外一个增长点是参加构建数字图书馆，为图书馆提供内容，这也是方正公司的一个营销重点。在 2004 年 8 月，方正 Papabi 中小学数字图书馆通过了中央电化教育馆的部级鉴定，同时方正也与国内多家图书馆合作建立了数字阅览室，其中包括许多大学图书馆。随着网络的快速普及，网络出版的发展是一个必然的趋势，相信在逐步解决制约其发展的一系列问题后，网络出版会形成出版市场的新增长点。

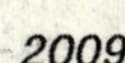

我眼中的出版行业信息化

王忠江

随着信息时代的到来,计算机和网络得到了很大的普及。国内许多出版社也完成了计算机、网络平台的建设,我国出版行业信息化建设初见成效。本文主要从出版信息化的发展现状、存在问题、信息系统内容和建设对策等方面进行了介绍。

一、我国出版信息化发展现状

近年来,随着国家经济建设的进一步发展,人们物质生活水平得到了较大的提升,与此同时,人们对精神文明的追求也在不断地加大,对各种图书的需求较往年也有很大的增长。面对国内文化市场的飞速发展,图书出版行业作为精神食粮的源头,如何充分把握读者需求,满足读者对文化需求的多样化和个性化,成为各大出版社需要应对的问题。另外,受国家政策和越来越开放的市场影响,图书市场竞争更加激烈,出版社之间的竞争日益扩大,选题的争夺日趋激烈,出版社日出一书、日出多书的现象日趋普遍。品种多、版次频、发货量大也是出版社显著的特征,以前对图书单品种的粗放型管理已经无法满足出版行业规范、细化管理的要求。如何对错综复杂的数据和信息进行及时、准确的分析和处理,从而达到合理利用出版社资源、降低库存、减少资金占用,成为当前出版社整体业务系统信息化建设的一个迫切需要解决的问题。

1. 出版社信息化的三个方面

出版物创作与生产的现代化,主要包括:出版物创作的计算机化、稿件投递的网络化、稿件编辑加工的计算机化、图片资料处理的计算机化、稿件校对的计算机化,如运用"黑马"等商业化文字及语音校对软件对加工文稿进行校对。

出版管理的现代技术应用包括下列内容:作者资源管理的计算机化,选题资源管理的计算机化,出版进度管理的计算机化,出版物印刷与装订的现代化,出版合同、成本、质量管理的网络化,出版社发行业务管理系统等。

出版社信息化建设还包括对企业自身的信息管理,主要内容有:出版社办公自动化管理系统,是指对出版社日常办公事务、领导决策查询、社内各个部门间信息传递的计算机及局域网支持;出版社信息存储与检索系统,为了满足出版管理的随机信息需求,通过计算机信息服务系统及时收集与加工、合理存贮信息数据,通过信息查找软件,为出版社的订货、销售、库存管理提供快捷的信息支撑;出版社电子商务管理系统,建立出版社电子商务网站,向书店、团体与个人读者快速提供出版物生产与销售信息,开展 B2B、B2C 商务活动,缩短出版发行周期,提高出版社批发与零售的经营水平与为读者服务的质量;出版社人力资源管理系统,通过应用信息技术,提高出版社人力资源管理水平,帮助出版社合理配置资源,优化使用资源,实现出版社的可持续发展;出版社财务管理系统,利用计算机与内联网,实现出版社的会计核算管理、会计统计报表管理与劳动工资管理的科学化。

2. 出版社信息化成就

大多数出版社的信息化应用主要在出版物创作、生产的现代化和财务管理的电算化,除此之外,还有一些典型的应用成果。

客户关系管理(CRM)系统的应用。譬如根据出版物市场环境,为了提升其核心竞争力,通过应用 Turbo CRM 系统,全面提升了出版社的客户获取能力、客户保有能力和客户盈利能力。

企业资源计划(ERP)系统应用。如通过详细周密的考察与调研,采用 ERP 系统在出版社实现了跨部门业务的集成与业务信息实时共享。

出版社管理信息系统(MIS)应用。出版社的管理信息系统,相对于报业和发行集团,还是比较落后的,但在部分出版社取得突出应用成果,如电子工业出版社自主开发的编辑出版业务管理系统(PMIS)。

数字化出版的应用与推广。随着电子、网络与多媒体技术的发展,集图、文、声、像信息于一身的数字出版,在出版社信息化建设中占有一席

之地。

我国出版社开始重视信息化建设并取得了瞩目的成绩，但是也应该看到，从总体上说，我国出版社的信息化建设水平还不太高，离开放的市场环境和读者的要求有一定距离。回顾与总结出版社信息化建设情况，明确下一步的努力方向，是加快我国出版社的信息化建设的当务之急。

二、出版信息化发展存在的问题

虽然我国出版社系统在信息化建设方面取得了突出的成就，但是离开放的出版市场环境和读者的要求还有距离，认清问题对发展我国出版社信息化建设是必要的。

出版社人员素质无法满足信息化应用的需要。要实现较为全面的信息化，全员的计算机应用水平非常重要。一般来说部门的员工则可能水平参差不齐，会出现阻力点。阻力点如果多了，形成不利于实施的整体气氛，就会出麻烦。

粗放的管理。管理粗放有两方面问题，第一是制度、流程不规范。要改变和规范流程，会有较大的阻力，首先是习惯和惰性，也许还会遇到利益冲突导致的阻力。第二是数据乱，各出版社由于过去多属事业性质，市场化、企业化程度不高，多种核算方法并存，特殊的账务处理办法多，数据问题多等多种情况并存，要理清费时费事。

缺乏统一的行业信息数据标准，使信息化应用的质量与效率大打折扣。各出版社信息化建设多从自身业务应用考虑，较少思考信息数据的规范与标准，不同管理信息系统中的信息数据，彼此在字段选择、名称确定、内容组织与格式著录等诸多方面存在差异，无法有效实现信息资源的共享。

出版社网站建设质量有待提高。虽然目前出版社已有超过半数建有网页，但是企业自身建有内联网并且开展电子商务活动的网站只占很少数，大多数出版社的网页只是起到名片的作用，并没有提供出版物检索与订购、信息交流与咨询等服务。不少出版社网站的主页缺乏有效管理，信息更新不及时，给客户的印象较差。

资金与人力的投入不足。信息化建设不是一蹴而就的事情，随着市场和企业情况的变化，需要不断投入足够的资金，并且要有一支懂业务、有技术的团队。目前出版社的信息化建设，明显存在资金投入不足、专业人才欠缺、重建设轻维护、重硬件轻软件、重技术轻管理等问题。

信息化系统的观念已普及,但开发缺乏科学的认证与统一详细的规划。一些出版社在一开始进行信息化建设的时候,并没有统一规划,没有将网络建设、办公自动化、书目数据库、网站群建设,以及集编务、出版、发行、财务子系统于一体的管理信息系统等各项信息化工作纳入一个全面、统一、系统的信息化发展规划之中,缺乏的是一个完善、周全的解决方案,以致系统寿命不长,经常需要修改甚至推倒重来,造成资金、人力、物资与时间的浪费。

上述问题,是出版企业信息化建设的主要阻碍。信息化建设表面看是硬件、软件采购配置实施工作,其实是围绕着这些问题展开的协调、解决的过程。

三、出版信息化对策研究

1. 信息化实质的再认识

信息化实际上是一个系统,需要一种全新的理念,一种全新的机制,一种全新的企业文化。信息化的本质是把管理思想、运作流程抽象提升后优化、标准化,必须要有管理思想作支撑才有灵魂,才能真正发挥其巨大的威力。管理信息化是企业经营管理的重要基础,是实现管理现代化的前提。管理信息化的核心是:运用现代信息技术,把先进的管理理念和方法引入到管理流程中,再造业务流程,优化组织机构和资源配置,促进管理创新。

2. 管理体制革命:优化流程,提高效率

应该说很多出版社对信息化都有比较清楚的认识了,明白出版社确实需要信息化。但他们中间也有很大差距,对信息化该如何进行、进行到哪种程度的认识很不一致。一些出版社由于自身业务规模或经营范围的限制,便主观削弱了对信息化的充分需求。另外,进行信息化建设也需要不小的资金投入,也在一定范围内制约了出版社的决心。但从我们实际的使用经验和效果上看,进行信息化改造的,与不进行的差距确实很大,信息化能否得到最大程度的推广,应用效果也很不相同。进行深入的信息化改造,加上先进的管理思想,最终所达到的效果是十分显著的。

3. 出版信息化应该如何入手

出版信息化工作首要的是树立良好的信息观念和强烈的信息意识，这是出版信息化工作的原动力。根据我们的经验和一些其他行业或单位的成功案例，笔者认为，出版信息化工作应从如下几个方面入手：

(1)资源数字化。无论是单机存储还是网络传输，其内容均是数字化的信息。因此，信息化工作首先要解决的问题就是如何将现有的出版资源进行数字化处理，这是出版信息化工作过程中的一项基础性工作。当然，数字化的过程要与新闻出版署或国家对数字化信息的要求相一致，以免给今后的相互交流造成障碍。

(2)办公自动化。应当以信息化社会对出版业的要求来规划出版业的办公自动化系统，这是实现出版业全面信息化的一个重要基础。从技术的角度来讲，出版业的办公自动化并不难。但为保证办公自动化系统能够顺利实现，以下问题应当引起重视：一是不能让新技术去适应旧的管理方法和工作模式，而应当借助信息技术的成果去改进我们的管理方法和工作模式，全面提高出版工作的效率。二是加强培训。计算机知识的普及是推动办公自动化的一个重要环节。三是出版社自己开发整个办公自动化系统是困难的，快捷、方便地实现办公自动化系统的比较有效的手段是系统集成。

(3)采用一体化流程管理。将出版社的运营管理、营销管理等所有日常管理活动作为一个完整、统一的流程化的整体，以全程统一的观念进行日常的管理，以此为指导思想进行信息系统的建设，即一体化流程管理思想。一体化流程管理的核心思想是以财务管理为核心、营销活动为主导、产品生命周期为闭环循环，对出版社运营管理、营销管理、资源管理实现一体化的最佳管理。其特点是实现出版社管理工作的流程、业务、数据整体化和一体化，所有管理流程、业务操作、数据都是整体、统一的。通过完善的一体化管理，错综复杂的各种事务借助电脑有了清晰流畅的脉络，进而优化管理流程，提高资源利用率，降低经营风险，最终全面促进出版社整体水平的提高。

(4)决策信息化。就像人们常用“路”与“车”来比喻信息高速公路的建设情形那样，修路是为了跑车，而构筑出版信息高速公路的目的是为了使出版信息的传递更快捷、更方便，实现出版资源最大程度的共享，为出版决策的科学化提供及时、准确的信息依据。有了出版信息系统的支持，决策的科学化就不再是一个“空洞”的口号。

四、出版企业信息系统建设实务探讨

1. 要花较大力气统一思想

领导要牵头，统一思想，坚定不移地推进信息化建设，首先要在领导班子里解决好“要不要上信息系统”的问题。是否必须上信息系统，一般内部会有分歧。从管理实务来看，如果企业要发展，信息化的程度怎样直接影响决策的质量，特别影响以量化分析为基础的决策能力，这是没有争议的。为了顺利实施，应在领导层中达成如下共识：

首先，信息化建设项目的实施本身是一个建设、整理、调整、改善的过程。

其次，实施中有可能在一段时间里集中出现对软件不适应的情况，大家可能意见很大，领导层应对出现这些情况要有思想准备。

第三，要认识到信息系统能解决很多问题，但它不能解决所有的问题。

第四，不要过多强调管理的个性要求。

第五，作好规划，掌握好节奏，分阶段建设。

有了管理层的一致认识，有了充分的思想和心理准备，还应该有充分的舆论准备，要让广大职工，特别是各流程的业务骨干都清楚管理信息软件对于加强管理的作用，以及实施可能产生的问题。上下一心，共同努力，便能有效地减少实施的阻力。

2. 信息化建设的对策

认真开展调查研究与市场分析，科学认证出版社的发展与需求，严格按照系统分析与系统设计的方法建设企业信息化系统；根据情况有计划地分期分批地开发，缓解资金与人力的不足。

认真分析系统开发外包与购置商品化软件两种方法的利弊，采取合适的系统开发模式，保证系统能够适应环境的变化，收费合理，易于更新，数据符合标准化要求。

科学整合出版社办公自动化、ERP 企业资源管理、CRM 客户关系管理、BI(商业智能系统)、出版物内容数字化等功能建设，加强出版社内联网与门户网站的建设与维护,重视网站与客户的联系,提高企业信息化服务水平。

3. 信息系统实施要注意的问题

有统计说全世界的信息实施成功率只有不到40%,还有一个数字说"满意度"达60%就属较高的指标了,可见信息建设实施的困难是非常大的。领导层和实施部门要以极大的耐心,仔细分析本单位的情况,研究信息化建设可能会出现的问题,有针对性地提出实施的办法和步骤。

(1)仔细调研,做好系统选型工作。

第一,要明确思路,最好不要太多考虑过去所用的系统。不要管原来有什么系统,不受约束地重新选择为好。

第二,要选一个好开发团队。要搞好信息系统的建设,最重要的莫过于要选一个好开发团队。好开发团队是:专注于出版行业信息化建设,有较多的客户和实施案例,作风稳键,技术和管理人才稳定,比较容易沟通和合作。

第三,要选一个好软件。选择软件的难度在于即使事先的调研做得很细,仍可能与实施使用后的情况有较大差异,但项目实施开始后是无法停止和撤回的。因此选一个好的软件要做多方面的仔细考虑,要进行尽可能细致的多方面的调研。

第四,要警惕二次开发的风险。与此类似的一个问题是要高度警惕二次开发的风险。好的软件应该是一个有许多用户、经过市场考验的成熟产品,最好勿须二次开发或只有极少的修改。

第五,要注意硬件配置容易出现的问题。系统应该讲求实用,要讲投入和产出,尽量少花钱。

(2)要分步实施,稳步推进。如果总体的信息化水平不高,员工计算机能力差,老同志多,则最好有一段技术辅导期。如果本单位很多人原来未配计算机,则应先行配置,完善局域网,待员工适应一段时间后再行实施软件。

为稳妥起见,实施ERP项目也可选择先实施核心模块,如发行、财务两模块先做,出版、编务模块则晚些时候做,时间拉开一些。发行和财务由于电算化应用较早,员工计算机技能强,日常接接触量大,适应反而要快一些;编务、出版模块因为涉及面宽或技能等诸多原因,麻烦会多一些。还可考虑先简化编务流程设置,确定总编室、出版科等一些关键岗位先进入流程，随后再逐渐扩大实施面，最后全员进入流程。

五、机遇与挑战

1. 出版载体的变化为更充分地发挥出版业的资源优势提供了机遇

由于信息存储技术的快速发展和迅速普及，使得出版载体呈现了多样化的趋势。纸质出版物一统天下的局面被打破了，新型载体尤其是CD-ROM为出版物提供了更加丰富的表现舞台。我们常常将新华书店形容为图书发行的“主渠道”，而从目前电子出版物的销售情况来看，“主渠道”并不是新华书店，而是一些大的软件连锁店。出版业须提高对电子出版物的认识，加快电子出版物的发展，使丰富的出版资源和出版经验得以最大限度地发挥，转化为现实的竞争优势。

2. 网络技术的成熟为出版业开辟更广阔的出版领域提供了机遇

计算机网络技术是目前信息技术最活跃的分支之一。在发达国家，网络出版、网上购物已不是“纸上谈兵”。虽然我国的网络普及化程度还远远没有达到理想的水平，但网络技术给出版业带来的影响已逐渐显现出来。通过 Internet 发行电子版的报刊已为数不少，很多出版社也已开设了自己的主页。但仅有这些是不够的，通过 Internet 来搜集出版信息，进行版权贸易，实现出版物的网络发行，完成书稿的远程传输，对一些面窄量少的出版物，首先通过网络“预出版”，然后再根据情况来决定是否正式出版等，所有这些都是值得出版界去深入探讨的问题。可以说，网络技术极大地拓宽了出版领域。

3. 信息服务业的兴起为出版业寻找新的经济增长点提供了机遇

借助信息技术的成果来充分发挥出版业自身的优势，必然会产生许多新的经济增长点，如电子出版物借助于网络技术发行。还可以发挥出版业的资源优势，为社会提供信息服务。总之，信息技术的成果给出版业带来了前所未有的机遇，但同时也给出版业带来了诸多的新问题。诸如，如何界定今后的出版活动，如何规范信息化程度越来越高的出版行为，如何打击越来越“容易”的盗版活动等，都需要出版工作者在今后的实践中去思考、去探索。但出版业迈向信息化时代的步伐是不会有所减缓的。

准确定位是成功之基

——浅议编辑定位的作用

岑　瑜

定位(Positioning),是对产品在未来的潜在顾客的脑海里确定一个合理的位置。是由著名的美国营销专家艾尔·列斯(AlRies)与杰克·特罗(Jack Trout)于20世纪70年代早期提出来的,按照其观点:定位,是从产品开始,可以是一件商品,一项服务,一家公司,一个机构,甚至于是一个人,也可能是你自己。

拿破仑曾说"不想当将军的士兵不是好士兵",但并不是所有的士兵都能当成将军。一支成功的军队,只有每人恪守其职,各尽其责,才能无往而不利。在生产力飞速发展,知识日趋膨胀,分工逐步细化的今天,个人只有顺应时代潮流,切中市场脉搏,掌握专业技能,分析自身特点,才能准确自我定位。只有准确个人定位,制订符合其定位的发展计划,并不断地落实和执行,才有可能获取成功。如一滴水珠,只要能摆正位置,也能反射出璀璨的光彩。因此说,准确定位是成功之基。

古语有云,"取法乎上,得乎其中;取法乎中,得乎其下。"个人定位高低,对其发展有直接的影响。但另一方面,自身定位也并不是越高越好,拔苗助长、过犹不及的例子也屡见不鲜。对于专业出版社编辑来说,只有准确自身定位,把握市场脉搏,才能在编辑工作中发挥特长,在繁杂的内外业工作中做到游刃有余,才能出版符合读者定位的产品。

定位有其客观规律,具有一定的前提和方法。

一、定位的前提

每一个人,依据其能力、知识、财富、背景等,在社会里都有其准确的位置。这是其长期过程中与社会联系的结果,是其他人很难取代的。同理,专业出版社的图书产品,以其品牌和行业性,在纷繁复杂的图书市场中,也有其特殊性和专业性。

二、定位的方法

社会里的个人,必然与社会产生千丝万缕的联系。在实际生活工作中,个人要善于找出自己所拥有的令人信服的某种重要属性或特点。通过一定的策略和方法,让自己的优点给人们留下深刻的印象。这里简单讨论比附定位和重新定位。

1. 比附定位

使定位对象与竞争对象(已占有牢固位置)发生关联,并确立与竞争对象的定位相反的或可比的定位概念,这就是比附定位。

2. 重新定位

也就是再定位,意即打破个人在社会关系中所保持的原有位置与结构,使个体按照新的理念在社会群体心目中重新排位,调理关系,以创造一个有利于自己的新的秩序。

以上是定位的前提和方法,作为专业出版社的编辑,应利用定位方法使自身定位有模糊变为清晰,最终准确个人在编辑工作中的定位。只有对自身准确定位后,才能在工作中找到属于自己的舞台,并利用有限合理的资源,创造出带有个人风格的产品。但产品能否成为商品,还需使其产品符合市场的定位。只有做到这两点,个体编辑才能在工作中得心应手,发挥编辑的真正作用。

下面从编辑在出版工作中的定位和图书产品在市场中的定位加以阐述。

三、编辑在出版工作中的定位

个体编辑,尤其是新进编辑,要做到在出版社的准确定位,需要了解以下三方面的内容。

1. 出版社在出版行业里的定位

人民交通出版社作为以交通为特色的科技图书出版机构，以“立足交通、服务交通、服务社会”为宗旨，以推动中国交通现代化和社会全面进步为己任，介绍新知、推广技术、传播资讯、传承文化。在出版业务领域，产品涵盖了公路、桥梁、汽车、水运、土木建筑、计算机等专业。形成了以公路图书、汽车图书、水运图书、交通地图及专业教材为主，其他相关专业为辅的出版格局。

2. 编辑所处部门在出版社里的定位

人民交通出版社所属编辑部门有公路图书出版中心、土木与建筑工程图书出版中心、汽车图书出版中心、水运图书出版中心、教材出版中心、地图出版中心、综合图书出版中心、标准与规范图书编辑部和旅游图书部。各编辑部门根据出版社发展方针和经营策略，工作侧重和分工各有不同。例如，公路图书出版中心是我社最早设立的核心部门之一，以公路类专业图书与教育类图书出版为出版方向，以公路交通行业广大从业人员与大中专院校师生，相关行业的工程技术人员与管理人员为服务对象，以继续巩固公路类图书市场垄断地位，关注大交通格局的演变，成为大交通格局下土木类专业路、桥、隧与交通工程等图书出版的领先者为战略目标。

3. 个体编辑在部门里的定位

在充分了解出版社在出版行业里的定位和编辑所处部门在出版社里的定位后，个体编辑要剖析自我，了解自身个性和特点，分析所受教育背景，发挥专业特长。以利于尽快成长，在部门里独当一面。这里，新编辑在入社后，可借鉴定位方法里的比附定位和重新定位。(1)比附定位。新编辑可以部门里的某一骨干编辑为竞争目标，参考其编辑工作的历程，确立与其相符的目的，规划自身的编辑生涯。例如，新编辑立志成为一名成功的策划编辑，可借鉴部门核心策划编辑的发展历程，制定第一年熟悉出版内业和外业情况，第二年策划多少选题，第三年达到多少出版利润的规划，并逐步实行。或者，以某一骨干编辑为竞争目标，分析其编辑工作中的不足和教训，确定与其相反的定位，促进自身在此方面的发展和加强，利于个人在部门脱颖而出。例如，部门里许多策划编辑精于策划，但对于图书出版管理如成本核算、装帧、印刷等细部环节不甚了解。新编辑也可在此方面多下功夫，形成自己的特长领域。（2）重新定位。当前，交通出版行业发展已比较成熟，各专业划分也比较细致。个体编辑尤其是新编辑，相对老编辑对市场认知度有所欠缺，所掌控的资源也显缺乏，要想找到一个全新的领域或一个新的插入点，相对比较困难。个体编辑可打破专业限制，重新定位策划方向，涉足与交通相关或交叉的出版领域，实现个人价值。由于重新定位没有优势资源的支持，进展难度较大，而且回报周期会比较长。这需要个体编辑不但拥有勇气和韧性，还需要做大量的调研和分析。一旦获取成功，回报是十分可观的。

四、图书产品在市场中的定位

图书只有销售到读者手里，形成货币交换，才能称之为产品。只有把握市场动态，掌握读者心理，才能生产出具有生命力，双效益好的图书。因此，我们要从以下三方面做好图书产品的定位。

1. 我社图书在市场里的定位

从2009年1～4月的开卷调查分析，我社科技类图书的监控码洋234.30万元（不含交通地图），占全部科技类图书的0.79%，公路类、汽车类、水运类、交通地图类图书市场占有率均排在前三位。由此可知，我社科技类图书在市场专业垄断性较高，但受从业人员数量限制，市场总体份额较少。因此，我们的图书产品应突出专业性和适用性，以满足特定人群需要为原则，做深做强。不断加固原有的市场，并加大往交叉领域的延伸力度。

2. 作者的定位

策划是创造，作者是资源。好的图书离不开好的策划和好的作者。尤其在图书市场竞争激烈，深入策划的周期缩短现阶段，拥有良好的作者队伍就是成功的一半。对于新晋编辑来说，如何在短时间内扩大自己的作者资源，是值得深入思考的问题。此外，在获得一定作者资源的同时，如何根据作者特点，进行定位，是出版好作品的关键。对于我社科技类图书的作者，基本可归纳为两类：高校教师和科技技术人员。如何根据其能力构成、专研方向、写作风格，为其量身定制合适的选题，是编辑值得深入

思考的问题。我们可以采用比附定位的方式加以确定:在策划出一个选题时,可先把以往同类图书的作者作为标杆,然后选定某一作者,以其写作水平、风格与标杆作者进行对比,分析各自优劣,经过多次分析比较,最终确定合适的作者。

3. 读者的定位

目前,科技类图书市场逐步呈现为买方市场,对于我社图书而言,此转变更加明显。如何细化分析市场,把握特定读者的真实需要,做好读者的定位分析,对编辑的选题策划和印数制定,具有关键的作用。因此,我们编辑不但要在策划深度中下功夫,还得投入到市场中,与市场部、发行部,以及网点人员多沟通,充分掌握市场一手信息,并做好信息归类提炼工作,摸清读者的购买心理,细化产品分类,策划出适合其需要的图书;并做好图书营销工作,进一步激发读者的购买欲望,挖掘潜在用户。

准确定位,能帮助我们充分了解自我,发挥自身特长,以期在工作中起到事半功倍的作用。

出版单位法律事务管理

赵东方

进入21世纪之后,我国各出版单位迎来了新的机遇和挑战。较多的出版单位由事业单位转制成为独立的企业法人,一方面抛掉了沉重的负担,企业进入高速增长的阶段,另一方面转制后的出版单位对于企业法律事务的重视程度不够,导致无法对各种法律风险防控,从而造成巨大损失。针对出版单位如何才能从行政手段管理的思维转变为依法治企的管理方式做出以下探讨:

一、出版单位企业管理思想转变

出版单位面临着或正在进行着由事业性向经营性转制。由事业单位向盈利性企业的身份转变的同时,出版单位也经历着管理思想的变革,由行政管理向现代化企业管理转变的是对出版单位经营者的巨大考验。

二、著作权事务的管理

1. 签订完善的出版合同

出版合同是指著作权人与作品的合法传播人之间,就著作权的一项或多项权利,许可传播者使用的双方意思表示一致的民事法律行为。出版合同不同于其他类合同,因此签订完善的出版合同对出版单位尤其重要。

图书出版合同主要条款应当包括,明确约定作者交付书稿日期及交付方式;书稿创作方式及标准;作者要对交付的书稿是自己独立创作的进

行担保，并且不存在侵权或违约的情况。作者如果违反这种担保义务，就要对出版社承担损害赔偿义务。出版合同没有这种担保条款，在发生侵权的情况下，出版社往往会被认为有过错，从而应共同承担侵权责任。对专有出版权适用范围、地域等清晰约定；对于图书发行后发生脱销现象，应当进行清晰的约定。著作权法第三十一条规定："图书脱销后，图书出版者拒绝重印、再版的，著作权人有权终止合同。"按照这条规定，作者在发现作品脱销后，有权向出版社提出重印或再版的要求。关于脱销，实施条例第四十二条有专门的解释，即著作权人寄给图书出版单位的两份订单在六个月内未能得到履行，就视为脱销。如果在一定期限内出版社仍未重印或再版，或者明确拒绝重印或再版，作者就有权终止合同。

在合同中对于稿件的处理期限做出明确约定。应当在约定的期限内通知作者是否采用，避免相关纠纷的产生。

2. 编辑加工阶段法律风险的防控

应尽到合理注意义务，保护其他著作权人的权利不被侵犯。立法者倾向于保护著作权人的利益，一旦发生图书抄袭时，司法实践中要求出版单位承担较多的法律责任。因此出版从业人员在工作中对合理注意义务应当注意。

(1)划清抄袭与合理使用的界限。

我国《著作权法》第二十二条规定，作者"为介绍、评价某一作品或者说明某一问题，在作品中适当引用他人已经发表的作品"，"可以不经著作权人许可，不向其支付报酬，但应当指明作者姓名、作品名称"。因此判断抄袭应当依据上述法律条文、针对相同部分文字的使用情况进行分析。

(2)划清图书的抄袭与法定许可的界限。

我国《著作权法》第二十三条规定：为实施九年制义务教育和国家教育规划而编写出版教科书，除作者事先声明不许使用的外，可以不经著作权人许可，在教科书中汇编已经发表的作品片段或者短小的文字作品、音乐作品或者单幅的美术作品、摄影作品，但应当按照规定支付报酬，指明作者姓名、作品名称，并且不得侵犯著作权人按照本法享有的其他权利。"

(3)装帧设计阶段法律风险的防控。

封面和封底侵犯他人享有著作权的图片作品。建议出版单位建立享有自主产权的图片库，避免侵权现象发生。

侵犯注册商标权，避免图书装帧设计中出现与他人相同或相近的注册商标图形，以免引起混淆造成侵权。

封面、封底和书脊作为一个整体，构成图书的装潢。版式装帧设计抄袭他人作品。极易造成消费者的混淆，属借助他人产品的品牌优势销售自己相关产品的不正当竞争行为，理应承担停止侵权、赔偿损失的民事责任。

注意与设计人员签订相应的封面设计合同，对著作权的归属进行相应的约定，避免出现“套牌书”的现象。

3. 盗版图书问题

盗版信息的获取。网络获取，设置盗版信息举报电话，由专人进行接听、登记、汇总。证据的保存，确保证据在法律上有效，能获得法官的认可。

三、企业劳动合同法律风险的防控

1. 制定完善的规章制度，建立健全有效的绩效考核管理体系

企业制定规章制度的主要目的是维护企业日常管理及生产正常秩序，提高劳动生产率，提升企业文化内涵，创造和谐稳定的劳动关系。比如制定完善的规章制度，具体到每个员工每个岗位的考核制度、薪酬制度的确定。有了细致的考核标准，员工如不能胜任工作，依据劳动合同法，企业可以解除与员工劳动的合同。有利于维持和谐的用工关系和促进劳动者良性的流动。

制定企业规章制度注意履行民主程序和有效的公示程序，注意对民主程序和公示程序的证据进行保存，避免出现履行了事实公示程序，但无证可举的尴尬局面。建议采用：下发通知，要求学习并组织考试的方式；召开员工会议并宣读全文，用签到和会议纪要的形式对该事实进行固定；公证形式进行张贴公示。

2. 签订完善的劳动合同书

由于劳动争议的复杂多样，仅靠企业规章制度是不够的，企业更需借助严密的劳动合同才能处理解决。劳动合同必备内容有合同期限；工作内容和工作地点；工作时间和休息休假；劳动报酬；社会保险；劳动保护、

劳动条件和职业危害防护。劳动合同除应具备法律规定的必备条款外,用人单位与劳动者可以约定试用期、培训、保守秘密、补充保险和福利待遇以及服务期和竞业限制等其他事项。劳动合同因人而异,尽量设定具有针对性的条款,预防风险的发生。注意引用企业规章制度及绩效考核制度作为劳动合同书的附件,规避劳动纠纷时劳动者否认规章制度的知晓。

四、图书发行阶段法律风险的防控

图书发行是出版单位工作的重要环节,处理好图书发行环节的法律风险关系到能否顺利回款前提。首先,签订书面的销售合同;其次,选择有相应资质和提供足额担保的企业作为销售商,担保分为抵押担保、质押担保和保证,选择有效的担保方式是顺利回款的重要保证。再次,在发书的过程中尽量保存好完备的提货单据,不借户发书,不向销售商注册地或经营地以外的地点发货。最后,定期对销售商进行评估。对于经销商的回款与在途比例失衡时,尤其是账期偏长、在途远大于回款的,应视为高风险者,业务员应控制对其发货,并采取其他相应措施。

五、企业债权催要法律风险的防控

(1)注意诉讼时效期间。民事诉讼时效是指权利人在法定期间内不行使权利,就丧失了民事胜诉权的法律制度。《中华人民共和国民法通则》第 137 条规定,诉讼时效期间从知道或者应当知道权利被侵害时起计算。有约定履行期限的债权,诉讼时效从期限届满之日的第二天起算;没有履行期限或履行期限不明的债权,应当自债权人给予债务人清偿债务的宽限期届满时起算。因此保证债权处于诉讼时效期间内,是能否胜诉的前提。

(2)对债务人资产状况信息的掌控。避免发生债务人转移资产、抽逃资金等恶意逃避债务的情形。

(3)债务人法律主体资格的存续。市场经济的浪潮中,各种经济体不断的被冲刷洗礼,公司破产注销的情况已成为优胜劣汰的重要方式。所以关注主体资格状况,及时申报债权对保护自身权利有重要意义。

浅析出版社激励机制建设

赵钒宇

出版业作为知识密集型产业,人力资源是最为核心的竞争资源之一。伴随着国外出版集团的本土化进程和网络媒介对传统阅读方式的冲击,出版业高端人才的流动已经成为一种无法阻止的必然。如何建立以人为本的激励机制,吸引人才,留住人才,并最大限度地发挥员工的积极性和创造性,已经成为出版转制背景下各出版社面临的重要课题。而激励作为一种涵盖管理与心理双重因素的行为,在不同的环境与模式下也会产生迥然相异的结果。本文试从出版从业人员的特性出发,在转制的宏观背景下分析激励机制的建设。

一、出版社传统的激励机制

激励是指由于需要、愿望、兴趣等内外刺激的作用,使人处于一种持续的兴奋状态。“水不激不扬,人不激不奋”是中国传统思想种对激励的表述。按照现代企业管理理论,激励是运用各种管理手段和策略对人们的行为动机进行激发,从而调动人们的积极性,改变人们活动方式,实现组织目标的过程。目前我国出版社常用的激励机制主要有以下三种。

1)内容型激励机制。该机制以“马斯洛的需求层次理论为基础”,根据被激励人的近期和远期的需要,采取有针对性的激励措施,从满足需要的层面激励员工。这些激励方式包括物质激励和精神激励两大类型。

(1)物质性激励是一项基本且非常有效的激励手段。科学、公正、合理的工资、奖金及福利制度是有效激励的基础。出版社各岗位的工作性质、难度和工作量大不相同。因此,物质激励的方式也不尽相同,但基本遵循定量为主、定性为辅、按劳分配的原则。物质性激励措施应用得当,

就可以激发全体员工的内在工作潜能，否则就会挫伤员工的工作积极性，不利于出版社的快速发展。

(2)精神激励是指以表彰、授予称号、提级升职等激励手段来奖励员工。当物质需求相对满足后，人们就希望得到社会、组织的尊重、认可，满足心理自尊、成就感等高层次的精神需要。优秀员工、优秀党员、优秀编辑的评选就是出版社常采用的精神激励方式，这些荣誉能提升个人的业绩水平和敬业精神，激发他们的荣誉感、归属感，同时在企业中树立起先进模范的带头作用，带动全体员工的工作热情。

2)过程型激励机制。它以洛克的目标设置理论为基础，侧重于把实现企业目标与满足员工个人目标需求统一起来。这种激励机制是先有激励，而后激励导致努力，再后努力又导致绩效，最终使得出版社的整体目标和员工的个人目标都能得以实现。具体运作如下图所示：

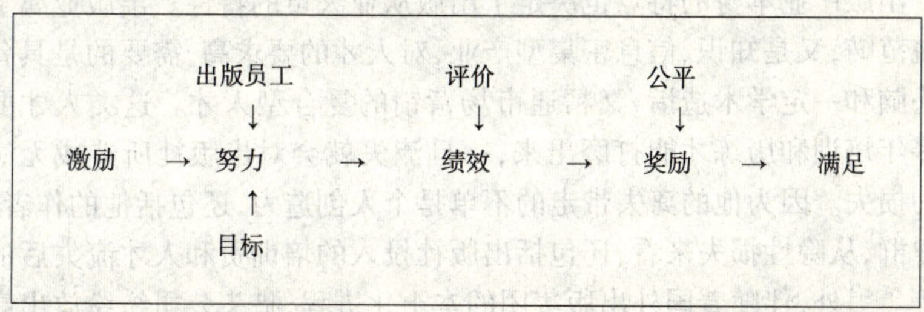

很多出版社现行的任期经济目标责任制是以这种激励机制为基础设计的。出版社制定中长期目标规划，进行成本核算，指标的分解，明确每个中心经营指标，并根据任务量给予相应额度的人、财、物的管辖权。与此同时，各中心也细化指标到相应个人，激励个人完成的选题策划、出版回款等任务。编发人员的权利被充分激活，主动创新能力大大增强，在完成项目指标的同时也获得了可观的经济收益，实现了整体目标与个人目标的统一。

3)综合型激励机制是内容型激励机制和过程型激励机制的有机整合。此外还强调综合运作团队激励、发展性激励等其他的激励方式。

(1)团队激励就是利用团体作用激励员工，以实现企业目标的激励。我社发行部业务分组的形式是团队激励形式的一种体现。各小组之间开展竞争，营造出“比、学、赶、超”的良好氛围；小组成员内部加强信息交流，技术协作，使团体的凝聚力、协调能力得到有效增强，个人的业务潜力得到充分挖掘。

(2)发展性激励也是很多出版社现在较为重视的一种激励方式。出版社在为员工提供一份与贡献相称的报酬外,还积极为员工提供的学习、培训、出国考察等有利于个体成长和事业发展的机会。以我社为言,每年的法兰克福书展参展、科协版协的相关培训都是这种激励方式的体现。员工在这种激励机制下,能不断提高自身技能,追求高层次的自我超越和完善。

二、出版社强化激励机制建设的必要性

1. 出版从业人员的特性要求必须加强激励机制建设

出版产业本身的特点也决定了出版从业人员的特性。出版业属上层建筑范畴,又是知识、信息密集型产业,对人才的要求高,需要的是具备政治头脑和一定学术造诣、又精通市场营销的复合型人才。这类人才要经过多年培训和历练才能打磨出来,一旦流失就会对出版社所造成无法估量的损失。因为他的离去带走的不单是个人创造力,还包括他的作者群、客户群,从隐性损失来看,还包括出版社投入的培训费和人才流失后的空缺等。另外,伴随着国外出版集团的本土化进程,猎头公司纷纷放出高薪来挖掘行业的高端人才,一场出版业的人才之争已经开始。而建立积极有效的激励机制,不但能吸引人才,留住人才,还有助于形成凝聚力,拓宽行业市场,增强单位可持续发展的后劲。

2. 传统体制下出版社激励机制的缺失与滞后

由于长期计划经济体制和传统管理方式的影响,我国出版社的用人制度和人事管理模式在理念、政策方面与市场经济体制的要求有很大的差距。很多出版单位多种用工形式并存,难以体现同岗同酬,“人不得其事,事不得其人,用不得其长”的现象相当严重。近年来,部分出版单位加快了人事制度改革,大力倡导能力导向、业绩导向、市场导向为主的考核和激励机制,以加速企业的核心竞争力,取得了显著成效。但是从整体来看,出版人事制度改革力度还不大,仅仅停留在改良的层面上。特别是在综合运用各种激励机制方面还有待加强,激励机制的缺失与滞后已成为制约出版社核心竞争力提高的瓶颈。

三、转制背景下，出版社以人为本的激励机制的建设

根据总署文件精神，出版单位在2010年底都要完成转制工作。在这场艰巨而浩大的工程中，能否调动员工的积极性，实现企业运行机制的平稳过渡是各家单位着重考虑的关键所在。因此，细分出版从业人员的特性，建立以人为本的激励机制在这个时期有着很强的指导意义。

出版从业人员由于业务板块和知识能力的不同可以分为管理决策人员、核心业务人员、基础业务与行政服务人员三种类型。以人为本的激励机制的设计上，就应该根据这三种人才形态的差异，按其主导需求选择相应的管理办法和激励措施，真正做到“人尽其才、才尽其用”。

(1)管理决策人员。该类人员是现今出版行业最为急缺的人才。管理决策者具有广博的知识、较高的素养、敏捷的思维；懂经营、善管理，能够解决各种复杂问题。该类人员的主导需求是成就和权力，高薪虽然能鼓舞他们努力工作，但其激励的作用有限，薪酬本身对他们含有一定保健的意义，只有使其获得更大的成就和权力，并将出版杜的长远发展与经营管理者的个人利益和名誉声望紧密联系起来，才能真正起到激励的效用。此外，出版社如果采用股份制，还可以按股份期权的方式对该类人员进行激励。所谓股份期权就是在一定的时期，给予管理人员的一种选择，即他可以在任期结束时，以上任时的价格购买公司一定数额的股票。期权直接关系到管理决策人员的未来收益，使短期激励与长期激励相结合，使得企业的长期发展与经营者的利益直接相连，给予管理决策人员最为切实的激励，增强其使命感、主人翁意识和创造性！

(2)核心业务人员。有能够准确捕捉市场信息的策划编辑；有保证企业现金流顺畅的销售人员；还有参与选题立项的市场营销人员。他们学历高、能力强、有激情、创造力，属于典型的知识型员工。该类人员的主导需求则是成长和成就，其次是生存和关系。因此，要不断的对其进行目标激励、竞争激励，提供有挑战性的工作环境，充分发挥其潜能，使其产生成就感。例如，可以通过出版社战略规划的执行效果和社会效益、经济效益指标的完成情况对其进行考核和奖罚。此外，对其进行精神激励也十分有必要，因为得到领导赏识、认可、支持和鼓励，都能极大地激发他们的工作热情和潜能。

(3)基础业务和行政服务人员。是指文字美术编辑、校对印制人员，以及出版发行系统工程中的行政管理和后勤人员。他们需具备较好的理论基础和职业素养、高度的责任心，能提供的高质量服务，对维持出版社正常运转起着重要作用。这部分人员的主导需求是生存，其次是关系和成长。对他们的激励应侧重物质激励，建立一套360度考核体系，通过上级、同级的相关业务科室及同部门的人员对其工作创新性、效率性及满意度进行综合评分，尽可能地科学评价其工作质量和数量，并将考核结果与薪酬进行挂钩，优秀者予以丰厚的物质激励。

此外，如果单位股份制改造成功，还可以建立动态股权激励机制。动态股权激励是以股权为纽带，以产权清晰为基础，是用以强化企业经营和管理、技术、生产等关键岗位人员即关键人的激励。关键人按所配置岗位股数额的一定比例用货币购买风险股，从而建立起“经营者(相对)控其股，能者多其股、劳动者有其股”的动态股权制。动态股权激励也是一种长期有效的全员激励机制，它相对期权制激励，更关注的是怎样充分调动所有出版从业人员的积极性，提高职工的生活水平，是对全体员工有效的激励。

此外，在激励机制的运行中还要注重公平与效率并重；要把握好针对性原则、有的放矢、灵活对待，坚持奖惩并行，阶段性的判断激励成效。总之，出版社要根据行业特点和自身实情，建立起适合自己的激励机制，并在运作实践中注意相关问题。这样，既能体现现代企业以人为本的基本原则，又能为提高出版社核心竞争力奠定牢固的基础。

如何延长注册考试类图书的生命周期

王 霞

一、图书的生命周期

所谓“图书生命周期”是指图书从进入市场到最后被市场淘汰的全过程，典型的图书生命周期一般可以分为四个阶段——引入期、成长期、成熟期和衰退期。

表1简要地说明了产品生命周期的特性与其相应的营销目标。从表1可以看出：不会有哪种产品经久不衰、永远获利，但如果能适当延长图书产品的成熟期，则会给出版社带来更多的收益。

表1

特 性	周 期			
	引入期	成长期	成熟期	衰退期
销售量	低	剧增	最大	衰退
成本	高	一般	低	低
利润	亏本	增长	高	下降
顾客	创新者	早期使用者	中期大众	落后者
竞争者	很少	增多	稳中有降	下降
营销目标	创造产品知名度，提高使用率	市场份额最大化	保护市场份额，争取最大利润	压缩开支，最大限度利用品牌价值

二、注册考试类图书的生命周期特点

本文所指“注册考试类图书”是出版社自主策划的配套各类注册考试的参考书，注册考试指定教材因基本不存在市场竞争，本文不作研究。

国内各类注册考试的火爆，催生了注册考试图书市场的繁荣景象。由于该类图书编写组织相对简便快捷，市场进入门槛低，读者基数大，利润较为丰厚，吸引了众多出版社的进入。每年年初，品类繁多、质量良莠不齐的注册考试辅导书铺天盖地的涌入市场，引发新一轮的考试书大战。

激烈的市场竞争中，图书的生命周期表现出巨大的差异，很多图书刚刚引入便进入了衰退期，但也有一些适销对路的经典图书深入人心，始终处于成长/成熟期。纵观近年的注册考试图书，根据市场表现大致分为三种——抢占先机型、经典传承型、推陈出新型，下面分述他们的生命周期特点。

1. 抢占先机型

该类图书一般在注册考试的首个开考年份出版，或者在每个考试年度内最早出版，通过压缩出版周期占尽市场先机。但是，由于出版周期的压缩，导致图书的品质很难有保证。如图1所示，它的引入期非常短，市场上的暂时垄断地位会被各类渠道利用，导致经销商大量屯货，表现为出库量的直线上升（销量应低于出库量的增长率），但一旦同类书大举进入，若该产品本身品质不高，则迅速进入衰退期。

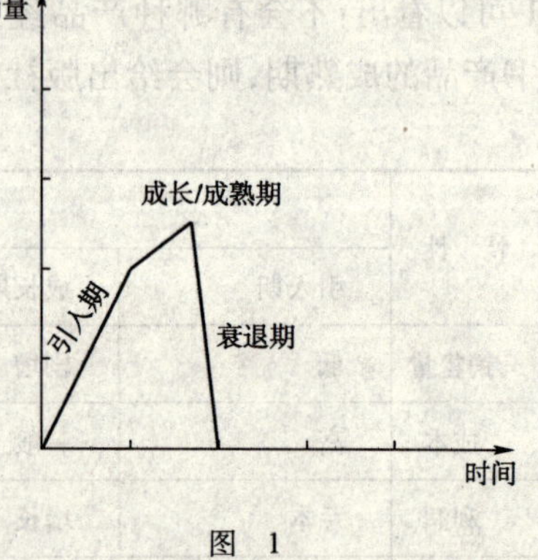

图 1

2. 经典传承型

对于注册考试类图书来说，能够维持三到五年稳定的销售势头，则堪称经典。如施岚青版注册结构工程师考试复习指导。该类图书以优异的品质和良好的口碑制胜，相对来说，引入期稍长，成长期和成熟期则更长

（见图2），收益最多。

3. 推陈出新型

同质化、低水平重复的针锋相对的竞争中，平庸的跟风之作难有作为，而一些细分市场、贴近读者需求的作品不断推陈出新，成为了注册考试图书中的一个亮点，如以"考前冲刺"、口袋书、考题解析等为卖点的图书。此类型的图书引入期稍长，需要借助积极的营销手段培育市场；此外，若修订维护得当，该类图书可以实现成长期、成熟期的良性循环（见图3）。

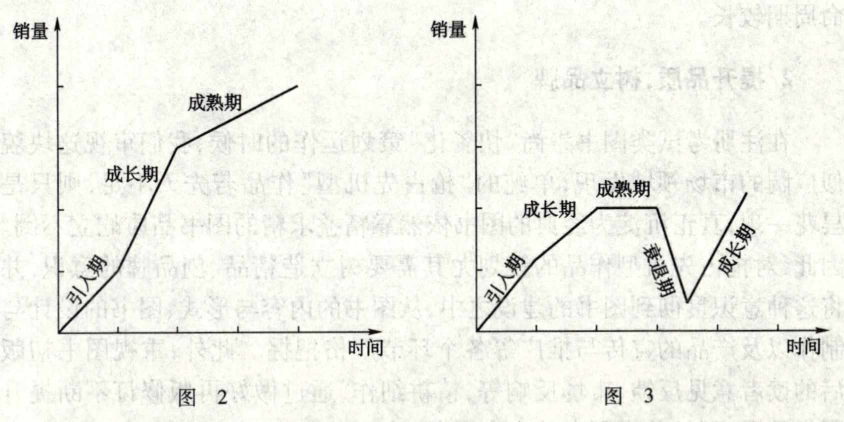

图 2　　　　图 3

当然，上述三种类型的图书并不存在截然分开的界限。抢占先机型的图书经过精心的市场培育，精妙构思，可以呈现推陈出新型产品的周期特征，甚至可以培育为该领域的经典作品；同时，经典作品也会被异军突起的跟进者挤掉市场份额。因此，无论处于哪种类型的注册考试类图书产品，延长其生命周期都是实现图书获利的根本。

三、延长注册考试类图书生命周期的对策

目前来看，以公路、房建为代表的土木类注册考试方兴未艾，我社现有的公路监理工程师、结构工程师、岩土工程师等注册考试类图书大多处在成熟期内，呈现出销售量大、成本低、利润高、竞争者稳中有降的特点，是见效快、且持续稳定提供利润的一类产品。因此，延长该类图书的生命周期，尤其延长图书的成熟期，对提高出版效率具有重要意义。

1. 立足专业，稳步发展

注册考试类图书本身是潜藏巨大风险的，一旦运作不好，诱人的“馅饼”就会成为坑人的“陷阱”。脱离专业领域的产品规划只能是空中楼阁，没有好的作者队伍、没有过硬的销售渠道、没有品牌优势，这样的产品注定无法生存。经验证明，立足专业，在自己优势或有专长的出版领域才能做好做大，有效规避市场风险。术业有专攻，围绕我社的优势出版领域策划的注册考试类图书均深受读者欢迎。借助我社的行业影响力，这类图书更容易找到业内顶尖的作者打造，并能保证图书的优良品质，故其生命周期较长。

2. 提升品质，树立品牌

在注册考试类图书崇尚“快餐化”策划运作的时候，我们审视这块貌似广阔的市场领域发现，单纯的“抢占先机型”作品若先天不足，则只是昙花一现，真正沉淀为经典的图书依然靠精益求精的图书品质屹立不倒。因此，对抢占先机型作品的策划尤其需要树立造精品、创品牌的意识，并将这种意识贯彻到图书的建设之中，从图书的内容与形式、图书的设计与制作以及产品的宣传与推广等各个环节严格把握。此外，重视图书初版后的读者意见反馈、市场反响等，精耕细作，通过做好再版修订不断提升图书品质，延长此类图书的生命周期。

3. 价值创新，开创蓝海

曾有人形象地把过度拥挤、硬碰硬的书业竞争比作血腥的“红海”，表现为在竞争激烈的已知市场空间里，与竞争对手争抢日益缩减的利润额。在注册考试图书市场，若流连于红海的竞争中，跟风之作四起，即使“经典传承型”的作品，也将越来越难以有获利性的增长。因此对于经典作品，要通过增加或创造现有图书未提供的某些价值元素，开创蕴含更大需求的新市场，即“蓝海”。这种寻求突破的蓝海战略对于图书生命周期的延长大有裨益。

公路监理工程师执业资格考试辅导用书——复习与习题系列的策划即体现了这种价值创新的理念。从传统的观念来看，公路监理工程师执业资格考试的参考人数只有一两万人，2007 年以前，已有的“复习指南”、“应试辅导”两个版本的考试图书基本能满足考生需求，而“复习与习题"系列立足于"差异化"和价值增加，不但成功地避开了与已有两种图书针锋相对的竞争，反而与两种图书一起形成了交通社"公路监理工程师"考试图书的规模效益，并开创了属于自己的蓝海。

4. 重视市场调研和营销宣传

我们发现，伴随注册考试图书市场的日趋成熟，需要抛弃旧有的框框，认真研究和细分市场需求，凭借进取的精神、独具的慧眼，不断推陈出新，延长注册考试图书的生命周期。如2009年出版的《一级注册结构工程师执业资格考试历年考题精解与疑难解析》，即是根据读者对产品的需求欲望、购买行为与购买习惯的差异进行市场细分，针对需求特点大体相同的消费群体设计的推陈出新之作。该图书集中提供了某一类读者群最想知道和急于了解的应试疑难问题，深受读者欢迎。

注册考试图书的营销宣传把握好营销时机和宣传载体，可以起到事半功倍的效果。如上所提一级注册结构考试图书充分利用了网站论坛专区，引发网友的持续关注和热议。

四、结　　语

延长注册考试图书生命周期最好的对策归根结底是打造产品品牌，以真心诚意为读者提供更多的价值为中心，把创新作为动力之源，方能有杰出的表现和作为。